I0035295

R
15694

APPLICATIONS

DE

CHIMIE

A

L'ART MILITAIRE MODERNE

PAR

EMILE SERRANT

INGÉNIEUR CHIMISTE

MEMBRE DE LA SOCIÉTÉ CHIMIQUE DE PARIS, ETC.

PARIS

LIBRAIRIE E. BERNARD & Cᵉ

IMPRIMEURS-ÉDITEURS

53ᵗᵉʳ, Quai des Grands-Augustins, 53ᵗᵉʳ

1895

APPLICATIONS DE CHIMIE

A

L'ART MILITAIRE MODERNE

8º R

15694

Paris. — Imprimerie E. BERNARD et C^{io}, 23, rue des Grands-Augustins.

APPLICATIONS

DE

CHIMIE

A

L'ART MILITAIRE MODERNE

PAR

EMILE SERRANT

INGÉNIEUR CHIMISTE

MEMBRE DE LA SOCIÉTÉ CHIMIQUE DE PARIS, ETC.

PARIS

LIBRAIRIE E. BERNARD & Cie

IMPRIMEURS-ÉDITEURS

53ter, Quai des Grands-Augustins, 53ter

—

1895

AVANT-PROPOS

La guerre est devenue aujourd'hui une science des plus vastes et des plus compliquées.

L'art de la guerre n'est plus rien sans la science avec tous ses moyens et tous ses éléments.

Depuis 1870, nous sommes, en Europe, à l'état de *paix armée*, nous consacrant aux améliorations et perfectionnements de l'armement, lesquels constituent d'ailleurs la meilleure sauvegarde du pays.

La *paix armée*, comme on l'appelle justement, n'est à vrai dire qu'une forme spéciale et nouvelle de la guerre sur le terrain économique.

Les différentes nations, plus ou moins mal disposées entre elles, se tiennent prêtes pour l'agression ou la défense ; elles luttent et combattent pour leur sécurité ou leur défense à grands coups d'argent et avec toutes les améliorations, tous les perfectionnements que réclame un armement supérieur.

Et en cas de guerre, si la guerre sanglante doit survenir un jour, la supériorité de science et d'armement fera plus pour le succès que les grandes masses d'hommes.

L'antiquité nous offre un exemple remarquable de ce que peut la science seule contre l'armée la mieux organisée :

L'an 209 avant l'ère chrétienne, une armée romaine,

sous le commandement de Marcellus, vint assiéger Syracuse. Il y avait alors dans la ville le célèbre savant Archimède, qui fut chargé par ses concitoyens d'organiser la défense de la ville.

Pendant trois ans, la seule science de cet homme tint en échec les efforts de toute l'armée romaine.

C'était un beau spectacle que celui de ce savant, armé de sa science et de l'amour de sa patrie, qui pouvait, presque seul, arrêter les efforts d'une armée entière.

Le général romain fut obligé de convertir le siège en blocus : N'allons-nous pas, disait-il à ses soldats, être obligés d'abandonner le siège et de cesser la guerre, à cause de ce Briarée savant pour qui c'est un jeu de plonger et d'enfoncer nos navires dans la mer, et qui a surpassé tous les géants à cent mains dont les récits des poètes font mention, tant il nous a lâché de traits, de pierres et de flèches pour nous en écraser ».

Le génie d'Archimède ne put pourtant sauver Syracuse, précisément d'ailleurs parce que les assiégés ne surent pas l'écouter fidèlement jusqu'au bout.

Un jour, les Syracusains voulurent, quand même et malgré les avis d'Archimède, célébrer des fêtes auxquelles prit part toute la population ; les remparts se trouvant ainsi abandonnés, les Romains entrèrent dans la ville par surprise. Mais ce ne fut qu'au bout de trois ans de siège et de blocus, grâce à la défense organisée par la science d'Archimède.

Bel exemple à méditer !...

Tout le monde, d'ailleurs, se rend compte aujourd'hui de la nécessité de tous les concours scientifiques pour la grande cause de la défense nationale. Chacun, dans la mesure de ses moyens, doit y apporter sa contribution.

Je n'ai certes pas l'intention, dans cet ouvrage spécial, d'aborder toutes les sciences qui apportent ou peuvent apporter leur concours à l'art militaire.

Je désire simplement exposer ce que la chimie peut fournir d'applications et de contributions utiles dans plusieurs branches importantes de l'armement, et décrire quelques nouveautés plus ou moins intéressantes.

Diderot disait au siècle dernier que « *la Chymie a fourni à l'art de la guerre ses armes les plus redoutables* ». Aujourd'hui, que la guerre s'inspire de la science, le rôle de la chimie est devenu encore beaucoup plus important ; la chimie est désormais une force toute puissante au service de la guerre.

On peut dire de la chimie qu'elle a servi magnifiquement les intérêts matériels de l'humanité, outre qu'elle a été un moyen certain et puissant d'élever les esprits et d'amener l'intelligence à comprendre et pénétrer les merveilles de la création ; ses avantages sont tout à la fois matériels et intellectuels.

Chaque découverte de la chimie apporte un bienfait aux peuples et vient augmenter leur force et leur prospérité. Quant à ce qui concerne les choses de la guerre, puisque la guerre semble devoir peser encore sur les peuples comme une fatalité implacable, là aussi la chimie vient jouer un rôle prépondérant.

La poudre à canon que nous devons à la vieille chimie a dû, malgré ses perfectionnements, céder la place à d'autres explosifs plus puissants et infiniment préférables à divers points de vue.

La balistique contemporaine, qui est une simple branche de la chimie, a fourni des explosifs d'une puissance énorme et d'un effet terrifiant. Et la première conséquence véritablement heureuse de leurs propriétés et de leurs effets, c'est de rendre la guerre tellement redoutable et hideuse, que les peuples reculent aujourd'hui devant ses épouvantables conséquences.

C'est déjà là un résultat précieux pour l'humanité ! Mais, en dehors des agents meurtriers et de dévastation, la chimie a porté ses investigations et fourni le meilleur concours en ce qui concerne l'alimentation des armées et leur subsistance, difficile problème qui n'a cessé de préoccuper les gens de guerre dans tous les temps et chez tous les peuples.

Elle est intervenue aussi d'une façon triomphante dans les questions d'assainissement et d'hygiène.

C'est surtout à notre époque que l'on se préoccupe avec raison de la conservation et du bien-être des soldats.

La science et la civilisation ont tant relevé le prix de la vie humaine que c'est un devoir absolu de s'appliquer à conserver et faire durer le soldat. Si les Anglais disent que le soldat est un *capital*, pour montrer ainsi son prix et l'intérêt qu'il mérite, nous pouvons ajouter que c'est aussi un citoyen payant le plus lourd des impôts, l'impôt du sang, et qu'à ce titre il a droit à tous les sacrifices, à toutes les sollicitudes.

D'ailleurs, une armée bien nourrie possède une résistance

constante aux fatigues et aux maladies ; et ce qu'elle coû-
tera en alimentation, valeur facile à prévoir au budget,
sera loin d'atteindre jamais les frais d'hôpitaux et de mortalité. En outre, une parfaite prévoyance du côté des subsistances peut décider de l'heureuse issue d'une guerre.

L'économie alimentaire, au point de vue de l'entretien
des armées en campagne, a une importance capitale: c'est
de l'alimentation que dépend, en effet, pour le soldat, et
la vigueur physique, et l'énergie morale, et la résistance
durable aux fatigues et aux maladies.

L'absence ou la pénurie d'aliments a bien vite usé les
constitutions les plus robustes, bien vite anéanti les plus
solides armées ; aussi est-il d'un immense intérêt, en vue
des succès de la guerre, d'assurer le service des subsistances.

Avec une bonne alimentation, c'est de l'énergie pour
l'organisme humain ; et d'autre part, le premier facteur,
l'origine et la cause de toute victoire, c'est l'énergie des
combattants.

Enfin, le souci de l'alimentation du soldat, qui est aussi
le respect et le ménagement de l'individu, prépare les
hommes à vaincre ; et cette noble sollicitude à l'égard de
ceux qui se dévouent et meurent pour la Patrie s'accorde
tout à la fois avec l'intérêt, la justice et l'humanité.

Dans cette étude sur des contributions nouvelles de la
chimie à l'art militaire, j'accorde une importance considérable à ce qui concerne l'alimentation : c'est de ce côté
là surtout qu'il y a eu *des desiderata* vraiment fâcheux.

Puisque la guerre doit exister comme une cruelle et

inévitable calamité, comme un *mal nécessaire,* si on peut toutefois admettre cette expression d'un illustre homme de guerre, tâchons qu'il y ait désormais pour le soldat moins de souffrance, plus de bien-être et plus d'humanité. Il profitera d'ailleurs, même en temps de paix, des améliorations et des progrès concernant l'alimentation.

Avec le système actuel de *paix armée* où l'on met à contribution la puissance de l'argent et celle de la science, on peut prédire que les moins riches et les moins savants seront écrasés et devront disparaître.

Il y aura des vainqueurs et des vaincus sans guerre et sans effusion de sang, ce qui serait assurément la meilleure manière d'en finir avec les querelles internationales.

C'est dans cette pensée que j'estime utile d'apporter certaines contributions, plus ou moins intéressantes, à l'art militaire moderne et conformes à des idées et des études personnelles, une sorte de série de conférences sur divers sujets, car je n'ai pas la prétention de faire ici un ouvrage didactique ou traité quelconque.

Il s'agit simplement pour moi de fournir des idées avec des renseignements et des indications.

APPLICATIONS DE CHIMIE

A

L'ART MILITAIRE MODERNE

ALIMENTATION & SUBSISTANCES

I

LE PAIN

Le pain est la base et l'élément principal de l'alimentation chez tous les peuples civilisés.

Il fait partie, comme base essentielle, des subsistances ou vivres du soldat qui, en temps de paix, reçoit sa ration journalière.

La fabrication du pain n'a guère varié depuis l'antiquité jusqu'à notre époque; et elle est restée à peu près la même dans ses principes et dans ses détails.

Le produit étant d'ailleurs excellent, tel qu'on l'obtient par la petite industrie du boulanger, il y a eu peu de tentatives sérieuses pour fabriquer le pain dans de grandes manufactures.

Il y a bien certaines manutentions militaires qui fabriquent le pain par grandes quantités; mais quelque soit le chiffre de cette production, les diverses opérations de la panification se font par fractionne-ment, avec le chiffre d'ouvriers nécessaires pour un certain nombre de pétrins et de fours.

Pour faire le pain, il y a deux opérations dis-tinctes :

1° Préparation de la pâte ou pétrissage;

2° Cuisson de cette pâte quand elle a été pétrie et mise sous la forme définitive du pain.

Pour convertir la farine en pâte ou en pain, il faut l'*hydrater*, c'est-à-dire faire agir l'eau sur la farine de manière à dissoudre les principes solubles tels que le glucose et la dextrine et imprégner d'eau les principes insolubles tels que les matières albu-minoïdes et amylacées.

On doit aussi ajouter 300 à 400 grammes de sel par 100 kilogrammes de farine.

Peu importe que ce pétrissage se fasse à la main ou à la machine.

L'essentiel, c'est que le pétrissage donne une pâte bien hydratée, suffisamment aérée et parfaite-ment homogène.

Mais l'eau avec la farine, puis le pétrissage, ne suffiraient pas pour obtenir du pain convenable : on n'aurait ainsi, après la cuisson, qu'une masse com-pacte, lourde et indigeste, même en y mettant la proportion de sel.

Ce qui est nécessaire aussi à la pâte, c'est la *fer-mentation,* non pas tant pour modifier agréablement le goût de la farine que pour aérer la pâte, rendre le pain poreux et spongieux, pénétrable aux liquides et surtout digestible et assimilable. Cette porosité du pain permet une cuisson jusqu'au centre de la masse pâteuse, et produit ce qu'on appelle la légèreté du pain.

L'agent de la fermentation pour la pâte destinée au pain, c'est le *levain* et la *levure*.

Le levain est une pâte en fermentation active qui provient de prélèvements antérieurs sur des pâtes fermentées, le levain étant travaillé et renové chaque jour avec addition d'eau et de farine, après qu'on a pris ce qui est nécessaire aux fournées du jour.

Les diverses préparations que subit le levain ont pour but d'arriver au *levain de tout point* ou levain définitif.

Le grand soin qu'on doit avoir pour le levain, c'est qu'il ait une franche fermentation avec la bonne odeur alcoolique. Si la fermentation dégénère et présente une odeur acide, c'est qu'on a la fermentation acétique, laquelle ne peut donner qu'un pain de mauvaise qualité, lourd et indigeste avec un goût désagréable.

Au lieu de levain, on peut employer la levure ou employer concurremment le levain et la levure,

On employait autrefois la levure de bière qui, trop souvent était altérée ou souillée de matières résineuses amères, ce qui donnait au pain un goût désagréable.

Aujourd'hui on emploie surtout avec avantage la levure de grains en masse blanche, d'une odeur franche et agréable quand elle est fraîche.

Cette levure produit une fermentation parfaite et donne un pain excellent : c'est grâce à l'emploi de cette levure que la boulangerie autrichienne avait acquis sa réputation.

Dans la fermentation panaire il se produit un peu d'alcool, parfois quelque peu d'acide acétique, et de l'acide carbonique qui se dégage pendant la fermentation et pendant la cuisson, en faisant gonfler et *aérant* la pâte.

Cette fermentation de la pâte est très utile pour obtenir les qualités qu'on recherche dans le pain ; mais, en vue d'obtenir la légèreté et la porosité, on peut se passer de la fermentation et employer d'autres moyens.

Ainsi l'acide carbonique, introduit dans la pâte sous une certaine pression, produit un pain *aéré*, léger et poreux avec un goût parfait.

Une eau gazeuse, chargée d'acide carbonique pour être mélangée à la farine sous une certaine pression en vase clos, voilà ce qui est préférable aux levains et aux levures, tout en rendant l'opération de la panification plus simple, plus rapide, plus précise et plus industrielle.

Il est évident que la fermentation panaire, avec ses lenteurs et ses précautions, la température spéciale qui lui est nécessaire, et le supplément de travail auquel elle oblige, peut s'obtenir normalement dans une boulangerie ordinaire ou une manutention civile ou militaire.

Mais, songer à produire cette fermentation panaire avec les *boulangeries mobiles de campagne*, telles qu'on les emploie aujourd'hui pour les armées en campagne, et dans les conditions ordinaires de la guerre, c'est une absurdité.

Ces boulangeries mobiles, d'un certain effet décoratif, qu'on a fait fonctionner aux grandes manœuvres et qu'il faudrait employer en cas de guerre, n'ont jamais pu produire du pain mangeable, dans presque aucune circonstance, tout en ne pouvant fournir que de faibles quantités. Elles comportent tout un attirail de matériel et d'ustensiles véritablement encombrant et dispendieux; il faut une ou deux vastes tentes pour abriter les opérations que comporte la fabrication du pain; et, pour ceux qui savent en quoi consiste la panification par le procédé classique, on se rend parfaitement compte qu'il est impossible de faire fermenter la pâte sous une tente, surtout par les températures froides ou basses. Il y a aussi les lenteurs et les précautions à réaliser, ce qui est le plus souvent impossible avec les déplacements rapides des armées en campagne.

En suprimant la fermentation, et la remplaçant par l'eau chargée d'acide carbonique sous une certaine pression, la fabrication du pain serait simplifiée comme travail et comme durée; on n'aurait plus à compter avec les conditions de la température, et l'enfournement pourrait se faire aussitôt la pâte obtenue. Il faudrait toutefois certaines améliorations aux fours roulants ou portatifs, notamment les conditionner de façon à pouvoir les remiser, et, s'il est possible, les mettre à l'abri du grand air quand on les fait fonctionner.

(Mais, préférablement à ces boulangeries mobiles, même très perfectionnées, je préconise la *Paneteuse* de mon système, dont il sera question plus loin).

Pour la cuisson de la pâte ou des pains, on a les fours de tous systèmes, dont le type classique est bâti tout en briques, avec une longueur d'environ 3 mèt. de la bouche au fond, et une hauteur de 33 à 50 centimètres entre la sole et la voûte; sa forme, reconnue comme la plus favorable, est celle d'une poire ou d'un œuf, coupé par le milieu, dans le sens de la longueur.

On chauffe généralement ces fours à l'intérieur et avec du bois : ce mode de chauffage offre au boulanger l'avantage d'obtenir de la braise et des cendres qui diminuent les frais de chauffage.

Mais, certains fours sont chauffés extérieurement à la houille ou au coke : leur avantage est de fournir une chaleur plus facile à régler et de dispenser des fréquents nettoyages du four, comme par le chauffage à l'intérieur.

On a préconisé aussi des fours à vapeur dont la sole est chauffée par des tuyaux de vapeur en fer forgé, que l'eau remplit très exactement, et où l'on peut obtenir les hautes températures nécessaires pour la cuisson du pain. Mais ces sortes de fours ne peuvent convenir qu'à certaines manutentions.

En réalité, tous les fours sont bons, présentent leurs avantages spéciaux, et conviennent pour obtenir de bon pain quand on sait s'en servir. Ce qui est important, au point de vue de la panification, c'est la farine avec ses propriétés et ses qualités variables

On peut établir en principe que 100 kilogrammes de blé fournissent en moyenne 75 kilogrammes de farine blanche convenable pour faire le pain blanc ordinaire.

Les 75 kilogrammes de cette farine fournissent 100 kilogrammes de pain en pains de 2 kilogrammes. Des expériences répétées sur le rendement de la farine en pain de très bonne qualité ont fourni les chiffres suivants :

Farine	300 kilogrammes
Eau	169 »
Sel	1 »
Pain sortant du four	393 »
Pain rassis de 15 heures . . .	387 »
Rendement moyen pour 100 kilogrammes de farine. . . .	130 kilogrammes.

Il est évident que le rendement en pain s'abaisse avec des farines humides, tandis qu'il s'élève avec des farines sèches. Les farines humides se détériorent très rapidement à une température au-dessus de 15°; elles prennent un mauvais goût et perdent la propriété de lever pendant la panification.

Quand on doit transporter la farine par mer, ou la faire voyager pour des expéditions lointaines, il faut la dessécher lentement à l'étuve de façon à lui faire perdre environ la moitié de l'eau qu'elle contient en moyenne, c'est-à-dire 6 à 7 sur 12 à 18 centièmes d'eau. On l'emmagasine ensuite en la tassant dans des tonneaux goudronnés hermétiquement clos.

On recherche aujourd'hui l'extrême blancheur pour la farine ; on veut des farines blutées à trente pour cent. C'est là une affaire de mode qui, peut-être, ne durera pas longtemps. (Il en sera question à propos du biscuit).

Cette recherche de la blancheur pour le pain oblige

à laisser de côté certains principes contenus dans le grain de blé, lesquels principes ont une utilité et une importance capitales pour l'alimentation : matières grasses et azotées, phosphates, principe fermentescible, arome spécial du blé, etc...

Les reproches qu'on a faits jadis au pain bis ou au pain noir provenaient, en réalité, non pas des éléments qui donnent la couleur bise ou brune au pain, mais des impuretés et poussières de toute sorte, des détritus et déchets avariés qu'on laissait passer dans la farine, et de là dans le pain.

Il faut considérer plutôt que les farines bises et les farines de seigle, soigneusement épurées et nettoyées de façon à obtenir une farine normale, sans poussières étrangères et sans altérations, présentent un grand intérêt au point de vue de l'hygiène et de l'alimentation.

L'analyse chimique, appliquée d'une façon sèche et mathématique à l'appréciation de la valeur alimentaire de certains produits, fournit souvent des indications insuffisantes ou fausses.

Il faut tenir compte surtout, au point de vue des produits alimentaires, de leur valeur réelle par expérimentations et résultats physiologiques.

Or, nous savons parfaitement à quoi nous en tenir sur les résultats satisfaisants et remarquables de l'usage du pain bis ou du pain de seigle chez de nombreux individus, chez des populations considérables dont la constitution physique ressort d'une façon exceptionnelle. Comme type ou moyenne pour la composition de la farine et celle du pain, je crois pouvoir donner les chiffres suivants. La farine provenait de blé ou froment de la Beauce ; le pain examiné provenait d'un pain fendu de 2 kilogrammes, bien cuit.

COMPOSITION DE LA FARINE DE BLÉ FINE ET BLANCHE POUR PAIN BLANC

Amidon.	63,64
Eau.	15,34
Gluten.	10,76
Gomme et dextrine.	6,25
Sucre	2,33
Matières grasses	1,07
Matières minérales.	0,61
	100,00

COMPOSITION D'UN PAIN FENDU DE DEUX KILOGRAMMES

Eau.	38,50
Matières azotées insolubles	6,24
Matières azotées solubles.	1,86
Dextrine et sucre.	4,01
Amidon.	47,84
Matières grasses	0,81
Matières minérales.	0,71
	100,00

Pour deux fournées de pains, comprenant des pains de 2 kilogrammes et des pains de 1 kilogramme, on peut établir les chiffres suivants comme matières employées et comme produits ou rendements.

MATIÈRES EMPLOYÉES

Farine blanche de froment.	300 kilogrammes
Eau.	163 »
Sel.	1 »
Total des matières.	464 kilogrammes.

Rapport de la quantité d'eau à celle de la farine.	54 %
Température moyenne de l'eau	25°
Bois pour le chauffage des deux fournées.	34 kilogr.
Durée moyenne de la cuisson.	55 minutes.

PRODUITS OBTENUS

PRODUITS OBTENUS

Poids du pain à la sortie du four	396 kilogrammes
Poids du pain après 15 heures de refroidissement	386 »
Perte de poids au refroidissement	10 kilogrammes.

Rendement de la farine en pain calculé sur le poids à la sortie du four	132 °/₀
Après 15 heures de refroidissement	128 »
Moyenne de rendement	130 »

On ne doit pas dépasser ce rendement.

Pour la fourniture du pain au soldat, il y a deux systèmes : l'achat direct du pain par la troupe chez les boulangers civils, et la fourniture du pain de munition par les manutentions de l'État.

Ce dernier système est préférable partout où il peut être usité: il y a d'abord la stabilité et la régularité dans le conditionnement du pain et dans les fournitures; en outre, ce pain de munition est à l'abri des fraudes et des sophistications que peut conseiller la concurrence, et il n'a pas à supporter les conséquences de l'oscillation des marchés.

Les grandes manutentions militaires, de même d'ailleurs que les manutentions civiles, sont dans d'excellentes conditions comme locaux, matériel, outillage, blutage et panification, pour obtenir, avec un personnel compétent, un pain parfait à tous points de vue et dont le soldat puisse être satisfait.

RATION DE PAIN ET RATIONS ALIMENTAIRES POUR LE SOLDAT, DANS DIVERS PAYS

Il y a le plus grand intérêt à considérer en quoi consiste la ration alimentaire du soldat dans les divers pays, et aussi à établir une comparaison avec celle d'autrefois.

La ration de pain surtout doit figurer à ce chapitre du pain; par la même occasion, je ferai figurer les autres vivres.

En 1588, les hommes d'armes à pied recevaient une ration journalière de 24 onces de pain (750 grammes); ce pain étant composé d'un quart de seigle et de trois quarts de froment. En 1702, on voit la ration alimentaire du soldat d'infanterie fixée à 750 grammes de pain et 500 grammes de viande (bœuf, veau ou mouton), et en plus du vin ou de la bière. Les cavaliers, très bien partagés, avaient 1.250 grammes de pain et 1.000 grammes de viande.

Une ordonnance du 13 juillet 1727 fixe les rations de la façon suivante :

RATION DU FANTASSIN

Pain de munition (24 onces). . .	750 grammes
Viande (bœuf, veau ou mouton (1 livre)	500 »
Vin (1 pinte).	0 litre 93 centilitres
ou Bière ou cidre (1 pot)	1 litre 50 »

RATION DU CAVALIER

Pain de munition (36 onces) . .	1250 grammes
Viande (bœuf, mouton ou veau (2 livres)	1000 »
Vin (1 pinte 1/2)	1 litre 39 centilitres
ou Bière ou cidre (1 pot 1/2). . .	2 litres 25 »

RATION DES DRAGONS

Pain (24 onces)	750 grammes
Viande (1 livre 1/2).	750 »
Vin (1 pinte).	0 litre 93 centilitres
ou Bière ou cidre (1 pot)	1 litre 50 »

RATION DES GRENADIERS A CHEVAL OU DES GENDARMES

Pain (48 onces)	1500 grammes	
Viande (2 livres)	1000 »	
Vin (2 pintes)	1 litre 86 centilitres	
ou Bière ou cidre (2 pots)	3 litres.	

On peut voir d'après les chiffres ci-dessus que les rations d'autrefois, vers 1727 et plus tard, étaient plus que suffisantes pour une forte et solide alimentation. Si le régime alimentaire s'est amélioré pour toutes les classes de la société, ainsi qu'on se plait à le proclamer, il faut convenir en face des chiffres, ainsi d'ailleurs qu'on le verra plus loin, que le soldat fait exception de ce côté-là. Et suivant la juste expression d'un auteur allemand : « les rations des soldats français, à notre époque, ne peuvent supporter la comparaison avec les rations des soldats du XVIIIᵉ siècle ».

Il est incontestable que la France d'aujourd'hui pourvoit chichement à la nourriture de ses soldats.

Il y aura encore occasion de le faire remarquer au *chapitre de la viande*, sans avoir besoin de recourir aux considérations purement chimiques sur les quantités et les proportions d'azote, de carbone, de principes minéraux et de corps gras.

Voici d'ailleurs les rations de notre époque :

RATION FRANÇAISE ACTUELLE

Pain	1000 grammes	
Viande non désossée (laquelle donne un déchet de 40 %)	300 »	
Légumes frais	100 »	
Légumes secs	30 »	

Cette ration correspond à 18^{gr},67 d'azote, 338 gr. de carbone et 19^{gr},30 de matière grasse.

RATION DE L'ARMÉE AUTRICHIENNE

Pain	875 grammes
Viande non désossée.	280 »
Farine de froment ou de maïs . .	190 »
Graisse de rognon	20 »

On peut remplacer la farine par 140 grammes de pois ou de lentilles, 115 grammes de sarrazin ou 560 grammes de pommes de terre. Il y a aussi comme condiments 2 centilitres de vinaigre et un demi-gramme de poivre.

RATION DE L'ARMÉE ANGLAISE

Pain.	453 grammes
Viande	339 »

De plus, allocation de 37 centimes pour compléter la ration.

La solde relativement élevée du soldat anglais lui permet aussi des suppléments appréciables.

RATION DE L'ARMÉE BELGE

Pain.	770 grammes
Viande de bœuf non désossée . .	250 »
Pommes de terre.	1000 »
Beurre.	20 »
Lard	10 »
Café	0 litre 25 centilitres
Sel.	30 grammes

RATION DE L'ARMÉE ITALIENNE

Pain	918 grammes
Viande non désossée.	200 »
Riz ou pâtes.	150 »
Légumes	(pour 0 fr. 02)
Sel	(id.)
Vin.	0 litre 25 centilitres

RATION DE L'ARMÉE ALLEMANDE (MINIMUM)

Pain (de farine de seigle) . . .	750 grammes	
Viande.	250	»
Riz	112	»
ou Orge perlée	244	»
ou Légumes secs	296	»
ou Pommes de terre.	1500	»
Café brûlé	12	»
Sel.	24	»

Les rations indiquées pour l'armée allemande sont un minimum; mais, en pratique, les chiffres sont plus élevés, et l'alimentation est convenablement variée.

Ce qu'il importait de mettre en évidence ici, ce sont les rations de pain pour le soldat dans les diverses armées européennes.

Cette ration de pain devant être distribuée tous les jours au soldat, on voit aussitôt l'importance du pain dans son alimentation.

Aussi ne saurait-on apporter trop de science et trop de soins pour obtenir un pain parfait à l'usage du soldat.

II

BISCUIT, BISPAIN, PAIN DE CONSERVE ET PAIN DE GUERRE

Tout le monde connait le *biscuit* qui est en usage dans toutes les armées et la marine des différents pays.

Une armée en campagne ne peut guère compter sur des distributions régulières de pain. La fabrication du pain, suivant les procédés ordinaires, exige une installation spéciale très encombrante, l'opération est nécessairement longue et minutieuse; de plus, le produit obtenu ne peut se conserver plus de quelques jours et doit être consommé aussitôt. Enfin, les déplacements rapides et continuels exigés par les opérations militaires ne permettent guère de mettre en œuvre les boulangeries mobiles ou manutentions spéciales militaires pour obtenir le pain frais quotidien.

Et même si l'on dispose de boulangeries civiles, s'il y a tout à coup rassemblement de troupes à proximité ou à l'intérieur des villes, c'est encore une impossibilité absolue pour fournir tout le pain nécessaire à une armée.

C'est pour ces raisons et afin d'obvier aux inconvénients du manque de pain que l'on fait usage du biscuit dans l'armée et dans la marine.

Le biscuit fait partie des vivres de campagne; c'est un *aliment de réserve*, qui doit intervenir à certains moments et dont les distributions doivent

3

alterner avec celle du pain. Mais, dans la pratique et en campagne, c'est surtout le biscuit qu'on distribue au soldat, et d'une façon continuelle et presque exclusive.

On peut donc voir ainsi quelle est l'importance d'un produit appelé à remplacer le pain, alors que ce produit doit constituer le plus souvent le principal ou même l'unique aliment du soldat en campagne.

C'est le biscuit qui a servi jusqu'ici à remplacer le pain pour l'armée et la marine dans les circonstances nombreuses et parfois de longue durée où la distribution de pain est impossible. Et pourtant le biscuit (d'ailleurs universellement condamné aujourd'hui), le biscuit est un pseudo-aliment, un produit n'ayant pour ainsi dire *aucune valeur nutritive*.

Le sentiment de tous les gens compétents, médecins, hygiénistes et hommes de guerre, est unanime à cet égard. Suivant l'expression d'un médecin principal d'armée, le docteur Scoutetten, « c'est un aliment lourd, indigeste et même dangereux. »

Il est impossible de donner le biscuit seulement trois ou quatre jours sans compromettre la santé des hommes, sans produire le dégoût, la perte d'appétit, et cette diarrhée bien connue et décrite sous le nom de *diarrhée du biscuit.*

Le biscuit est donc bien un *aliment barbare*, comme l'appelait Bouchardat.

Il faut considérer aussi que le biscuit n'est que de la pâte simplement desséchée sans être cuite ; c'est un prétendu pain sans levain et sans sel, anhydre, et n'ayant pas subi la fermentation panaire, de plus s'altérant très facilement sous diverses

influences. Il ne trempe pas dans les différents
liquides où le pain trempe parfaitement; il est non
seulement indigeste, mais inassimilable, constituant
ce semblant d'aliment dont l'un des effets certains
est d'altérer rapidement la santé des hommes,
quand ils en font un certain usage quelque peu
continu.

Dès 1881, j'avais attiré l'attention du ministère
de la guerre sur la nécessité absolue de remplacer
le biscuit par un autre produit d'une réelle valeur
alimentaire.

Les échantillons que j'avais présentés et les excel-
lents résultats auxquels j'étais parvenu m'encoura-
gèrent à poursuivre ces recherches et ces expériences
qui, plus tard, ont été sanctionnées par le succès.
C'est surtout en 1885 que j'ai fait mes communications et présentations officielles au ministère de la
guerre.

Les représentants du pays se sont préoccupés
eux-mêmes, à différentes reprises, des inconvénients du biscuit dans l'alimentation des troupes;
et c'est le retentissement considérable de ces débats,
portés à la. tribune du Parlement, qui ont forcé l'administration militaire à sortir de son apathie et de
son esprit de routine pour adopter les idées, systèmes
et procédés que j'avais préconisés dès 1881, puis
en 1885 dans un mémoire imprimé, reproduit par la
Revue scientifique du 7 mars 1886.

Le rapporteur du budget de 1889, M. Mérillon,
disait en propres termes : « Il n'est pas moins cons-
tant, après comme avant, que le biscuit reste un
aliment détestable que le soldat ne mange pas et

qui constitue une perte considérable pour l'Etat et pour l'ordinaire des corps de troupe... »

Un autre député, M. de Montfort, dans la séance du 7 novembre 1891, interpelle le ministre de la guerre à propos du biscuit : « Je le maintiens, dit-il, et personne ne peut le contester, l'homme ne mange jamais le biscuit, lequel n'est en réalité pas mangeable. Je suis, néanmoins, obligé de constater que le soldat est encore à l'heure actuelle, condamné à ce détestable aliment. Comme le biscuit ne peut pas servir à faire la soupe et donne, employé pour cet usage, une bouillie innommée, les ordinaires obligés d'acheter du pain de soupe, dépensent de ce chef une somme qui n'est pas négligeable, quatre à cinq millions au moins.

Le ministre de la guerre, M. de Freycinet, vient répondre à M. de Montfort; je ne citerai que ce court passage :

« L'honorable M. de Montfort, dit-il, a critiqué le biscuit et il n'a pas tort. »

« Le biscuit est, à mon sens, une solution très imparfaite du problème de l'alimentation des troupes en campagne, et *il y a déjà longtemps que je cherche à le remplacer*; mais ceci n'est pas facile. »

Je souligne les mots ci-dessus pour déclarer ici que M. de Freycinet se vantait bien à tort et trompait sciemment le pays, en disant qu'il cherchait depuis longtemps à remplacer le biscuit. Il suffit de lire la *Revue scientifique* du 7 mars 1886, pour se convaincre qu'à ce moment là le problème était parfaitement résolu.

Sous le ministère du général Boulanger, en 1886,

j'avais fait déjà des présentations et des expériences officielles qui établissaient d'une façon parfaite la valeur du *système et procédé Serrant* concernant le remplacement du biscuit par des produits basés sur le même principe du pain condensé et déshydraté, mais quelque peu différenciés, de façon à permettre un choix, suivant certaines conditions, entre les divers spécimens.

M. de Freycinet, qui a trompé et trahi son pays et les intérêts de l'armée en toutes circonstances, qui a sacrifié leurs intérêts les plus sacrés à ceux de sa politique personnelle et de sa néfaste ambition, feignait d'ignorer ce qui existait alors, afin de favoriser les affaires de certains financiers politiques de ses amis qui avaient la prétention d'accaparer et de monopoliser toutes les importantes fournitures de l'armée.

Telle est la vérité !

Il faut aussi reproduire ici un passage du discours de M. Hervieu, député, à cette séance du 7 novembre 1891 où avait lieu la discussion du budget de la guerre :

« On distribue annuellement, dit-il, 122.200 quintaux de biscuits. Or, savez-vous combien sur cette quantité on en consomme ?.. 200 quintaux ! Pas davantage !... La conséquence, c'est que 122.000 quintaux sont perdus. Et encore les soldats qui mangent ces 200 quintaux sont considérés par leurs camarades comme atteints de boulimie, du ver solitaire ou de faim vorace.

« Ce n'est pas tout. Quelle est la perte sèche qui résulte de cette situation pour le Trésor? — Une somme de cinq millions de francs ! »

La lecture du compte-rendu des séances de la Chambre des députés 1890, 1891 et 1893, où on discuta le
budget de la guerre et où il fut question du biscuit,
est véritablement intéressante et démontre l'importance de cette question du biscuit et de son remplacement par un produit meilleur et plus rationnel.

J'avais présenté d'une façon officielle au ministre
de la guerre, en 1885, mes derniers travaux et recherches sur l'*Alimentation du soldat en campagne*
en même temps que les échantillons du produit destiné à remplacer le biscuit.

Beaucoup plus tard, et seulement le 10 avril 1894
(neuf ans après!), le ministre de la guerre, songeant
enfin sérieusement à supprimer le biscuit et à le remplacer par un produit analogue ou semblable à ceux
que j'avais présentés, fait publier au *Journal officiel* du 14 avril 1894 l'avis suivant : — (Dans la colonne de gauche ci-dessous je fais figurer la description du *Bispain ou Pain de conserve* suivant mon
mémoire imprimé d'août 1885; et dans la colonne
de droite je fais figurer l'avis et la description concernant le Pain de guerre, *suivant la rédaction officielle du ministre de la guerre.*)

[(Août 1885).
**Bispain ou pain de
conserve.**

« Le bispain, comme on peut
le constater, est tout différent
du biscuit à tous points de vue.
C'est une sorte de pain concentré et pain de conserve, un véritable pain, analogue pour la
composition chimique et les pro-

*Notice indiquant les condi-
tions générales que doit
remplir le pain de guerre
destiné à remplacer le biscuit.*

Paris, le 10 avril 1894.

« *Définition du pain de
guerre* — Par pain de guerre
on doit entendre un produit réu-
nissant en un volume très ré-

priétés physiologiques au bon pain ordinaire, mais conditionné pour une durée de plusieurs années, et préparé d'une façon spéciale en vue d'obtenir la réduction de volume, la concentration des éléments nutritifs, et la parfaite conservation.

» Le bispain, tel qu'il est présenté, est bien du pain concentré, pouvant se manger tel quel comme le biscuit, agréable au goût, substantiel, digestible et assimilable, trempant dans les différents liquides, ayant de plus l'avantage de pouvoir, presque instantanément, fournir en tout temps le bon pain frais ordinaire moyennant une très simple opération qui est toujours à la portée du soldat et du marin.

» On peut manger le bispain sec et naturel; il est infiniment plus agréable au goût que le biscuit. Mais, si on fait tremper le bispain dans l'eau pour le faire gonfler et s'hydrater, le chauffant ensuite pendant quelques minutes, on régénère alors facilement et rapidement le pain frais avec toute ses précieuses qualités.

» Le bispain se trouve ainsi transformé instantanément en pain frais. Il fait aussi un excellent pain de soupe.

» Le bispain se prépare à la manière du pain ordinaire... La pâte est convenablement salée

duit les qualités nutritives et digestives du pain ordinaire.

» Ce produit doit être susceptible de se conserver sans altération pendant un an ; ses dimensions doivent permettre son placement facile dans le sac du soldat ; il doit résister aux chocs occasionnés par les divers modes de transport.

» Enfin, en vue de faciliter sa consommation en temps de paix, il doit pouvoir être facilement employable comme pain de soupe.

» *Emploi d'outillage spécial*. — Le pain de guerre pourra être préparé avec ou sans moules.

» L'emploi des moules, constituera, *a priori*, une infériorité vis-à-vis d'un autre produit fabriqué sans moules, de valeur à peu près équivalente.

» S'il est fait usage de moules, ceux-ci devront-être de construction simple, pouvoir résister à l'action de la chaleur des fours sans risque de détériorations. Leur maniement doit être facile et leur système de fermeture solide et rapide.

» *Éléments constitutifs*. — Le pain de guerre sera fabriqué exclusivement avec des farines de blé tendre, des levains de pâte ou de la levure de grains, de l'eau et du sel.

» *Qualités des farines*. — Les farines d'essence tendre se-

et subit cette fermentation panaire qui assure au pain le bon
goût, la légéreté et la digestibilité.

» La cuisson du bispain s'opère
dans les mêmes conditions que
celle du pain, en ayant soin de
maintenir les pains à la dimension voulue, ronde ou carrée...

» Après avoir mis le bispain
à l'étuve ou au séchoir, on peut
l'emballer avec une conservation
assurée pour plusieurs années.

» Tel est ce bispain qui peut
si avantageusement remplacer le
biscuit.

» Pour une ration journalière
destinée au soldat ou au marin,
un poids de bispain de 500 gr.
représente 51 grammes d'albumine assimilable ou 9 gr., 50
d'azote, à un prix de revient
égal ou inférieur à celui du biscuit.

» E. SERRANT »

ront du type « Marques de choix
ou première marque ».

Levains. — Les levains de
pâte ou la levure de grains seront employés dans une proportion aussi faible que possible,
mais suffisante cependant pour
obtenir un produit d'une co-
noxture bullée destinée à faciliter son trempage et sa mastication à l'état sec.

» *Forme et contexture.* —
Le pain de guerre devra affecter
une forme régulière, carrée ou
rectangulaire ; les faces et côtés
seront, autant que possible, plans
et lisses, sans cloches, soufflu-
res ni fendillement; légèrement
pointillés, si besoin est, mais
exempts de perforations dépassant un demi-millimètre de pro-
fondeur.

» La croûte sera peu épaisse,
la mie blanche et poreuse, l'odeur
et la saveur agréables ; trempé
dans l'eau à 50 degrés, le pain
devra gonfler complètement après
dix minutes d'immersion.

» Enfin, le pain devra être
d'une siccité parfaite, ne pas
s'émietter, et résister suffisamment aux chocs divers provenant
des opérations d'encaissements
et de transports

» Chaque galette devra porter, au moment de la livraison
en gros à l'administration, un
signe distinctif indiquant le nom
du fournisseur, le mois et l'an-

née de fabrication. Ce timbrage
devra être peu profond ; il ne
sera pas d'ailleurs obligatoire
au moment de la présentation de
l'échantillon à la Commission
chargée d'étudier le typo à accepter...

» Général MERCIER ».
(Journal officiel),
Paris, 10 avril 1894.

A propos de cet examen comparatif de mon produit dénommé bispain, et du produit absolument
similaire que le ministère de la guerre voulait avoir
l'air d'imaginer ou d'inventer suivant sa note pub-
liée officiellement le 10 avril 1894, on me permettra
de dire ici que le bispain présenté par moi à l'Exposition Universelle de Paris en 1889, obtenait la plus
haute récompense dans la *Classe des Produits alimentaires*. C'était d'ailleurs le seul produit exposé
en vue de remplacer le biscuit.

Le rapporteur du Jury d'examen était précisément
M. Bobier, officier principal d'administration, ancien directeur de la manutention militaire de Billy.

Ceci établit nettement mes droits et titres d'anté-
riorité et de priorité.

Il est évident que cette question du remplacement
du biscuit préoccupait l'administration militaire
dans les différents pays, ce qui se conçoit parfaitement quand on songe à l'importance d'un produit
qui doit être le plus souvent la base et l'élément
principal de l'alimentation pour le soldat en campagne. On raconte même que Napoléon Ier, soucieux
de remplacer le biscuit par un autre produit de réelle

valeur alimentaire avait institué ou promis un prix
de cinq cent mille francs pour l'inventeur qui réus-
sirait à remplacer avantageusement le biscuit.

D'après la description que j'ai donnée du bispain
ou pain de conserve, on voit aussitôt qu'il s'agit là
d'un pain condensé sous le volume le plus réduit,
déshydraté ou privé d'eau et d'humidité afin d'assurer sa conservation, composé des meilleures farines afin d'assurer sa valeur nutritive, et enfin affec-
tant une forme régulière carrée pour faciliter l'emballage et le transport dans le sac du soldat ou dans
des caisses. Il y a aussi un avantage important à
faire ressortir pour le bispain ou pain de conserve
qui est le suivant : Le biscuit ordinaire n'est que de
la pâte simplement desséchée sans être cuite; la
température à laquelle il est soumis dans le four
n'atteint au centre que 65 à 70°. Et comme la farine
se trouve souvent envahie par des œufs d'insectes
ou des germes de décomposition, ces œufs et germes
ne se trouvent pas détruits à cette température. Il
se développe ultérieurement des vers et des insectes
dans le biscuit qui se trouve complètement envahi
et rongé par ces parasites. En outre, cette faible
température est tout à fait insuffisante pour cuire
la pâte et rendre le produit digestible et assimilable.

Les trous nombreux dont on est obligé de percer
le biscuit sont aussi des réceptacles pour la pous-
sière, les insectes et toutes les causes de destruction
ou d'avarie. Il s'ensuit pour les magasins et approvisionnements de l'État des pertes considérables.
Pour le bispain, la température de cuisson dépasse

110° centigrades à l'intérieur, ce qui détruit tous les germes et ferments de mauvaise nature.

La cuisson parfaite, comme celle du pain ordinaire, produit d'une façon complète la transformation moléculaire qui assure au bispain ses qualités digestibles et assimilables. Enfin le produit, sous sa forme régulière, présente des surfaces nettes et lisses qui favorisent sa conservation.

La couleur est d'un jaune ou d'un brun doré. Elle peut d'ailleurs varier suivant les sortes et les mélanges de farines, car on peut faire du Bispain avec *toute sorte de farines*.

Cette description du bispain ou pain de conserve rend facile l'exposé de sa fabrication ou plutôt des différents systèmes de fabrication que j'ai imaginés, variant quant aux détails, mais se rapportant toujours au même principe.

Ce qui a été dit au chapitre du pain renseigne déjà en partie sur le bispain ou pain de guerre au point de vue de la fabrication, puisque, suivant ce qui a été dit, la pâte est la même pour le pain et le bispain, avec la fermentation panaire analogue dans les deux cas et la cuisson au four à haute température, de façon à cuire le pain ou le bispain jusqu'au centre en produisant la couleur jaune ou brun doré à la surface.

Cette coloration provient de la torréfaction superficielle de la pâte ou transformation moléculaire de l'amidon en dextrine sous l'influence d'une certaine température ; si la température est insuffisante, le pain ordinaire ou le bispain gardent une couleur terne blanche ou grisâtre, ce qui est le cas pour le biscuit.

Au lieu d'employer la pure farine de froment pour faire le bispain, on peut employer en proportions variables un mélange de farine de blé tendre et de farine de blé dur.

Le blé dur est plus riche que le blé tendre en gluten ou matière azotée, et convient mieux par conséquent pour un aliment de réserve dont le pouvoir nutritif doit être condensé. De plus, une forte proportion de gluten est favorable pour constituer la trame qui maintient en parfaite cohésion, avec l'élasticité voulue, toute la masse du bispain rond ou carré.

On peut faire le bispain exclusivement avec de la farine de blé dur. Mais l'emploi de la farine de blé dur, quand sa proportion dépasse un tiers contre deux tiers de farine tendre, exige le pétrissage mécanique.

Pour faire du pain ou du bispain avec seulement la farine de blé dur, il faut absolument renoncer au pétrissage à la main et employer les pétrisseuses ou pétrins mécaniques. C'est d'ailleurs un avantage pour la boulangerie ordinaire, pour la fabrication des biscuits, du bispain ou des produits similaires d'employer le pétrissage mécanique beaucoup plus avantageux à tous points de vue que le pétrissage à main d'homme.

Si on n'emploie que la farine de blé tendre, le pétrissage peu se faire à la main.

Pour une proportion de 1/3 de blé dur et 2/3 de blé tendre (farine) on peut encore faire le pétrissage à la main.

Mais, si on dépasse le 1/3 en farine de blé dur et

surtout si on emploie cette dernière farine pure et sans mélange, il faut le pétrissage mécanique.

Ce dernier système, véritablement industriel et offrant des avantages de toute sorte, devrait désormais s'imposer partout.

Pour faire du bispain ou du pain de guerre, on peut encore employer la farine de seigle, soit pure et naturelle, soit associée à une certaine proportion de farine de froment : c'est une affaire de goût et d'habitude.

La farine de seigle, à part la couleur brune, fournit un bispain très satisfaisant, se conservant parfaitement et facile à régénérer en pain frais au moyen de l'hydratation, soit en le mouillant et le chauffant au feu ou au four, soit en le soumettant à la vapeur humide sous pression. Le bispain de seigle a le grand avantage très appréciable, quand il est bien sec ou anhydre, de se conserver encore mieux que le bispain de froment et de garder une résistance et une élasticité qui le font résister aux chocs occasionnés par les divers modes de transport, suivant les conditions énoncées dans la Note ministérielle du 10 avril 1894.

L'un des grands défauts du biscuit, et on l'a reproché aussi à certaines imitations du bispain, c'est de se briser et de se réduire en miettes, ce qui favorise son altération et en rend la distribution presque impossible. Le seigle, en raison de la matière visqueuse ou glutine qu'il renferme en forte proportion, constitue une sorte de joint ou de trame élastique qui assure sa résistance aux chocs et sa durée parfaite sous la forme primitive. Pour les hommes habitués au pain de seigle et dans les pays où la farine de seigle est généralement employée dans l'alimentation, les bispains au seigle seraient encore les préférables.

. Si cependant on ne voulait pas employer la farine de seigle seule pour le bispain, on pourrait faire un mélange dans la proportion de 25 à 30 de farine de seigle et de 75 à 70 de farine de froment. Ce mélange a parfaitement réussi pour des produits dont le bon goût s'est maintenu après plus de deux ans de conservation. En France, on recherche actuellement la blancheur pour le pain, pour le biscuit et pour le pain de guerre.

La note-programme du Ministre de la Guerre indique des farines blanches blutées au taux minimum de 30 pour cent! C'est là une réelle exagération dont pourrait se passer le soldat.

La blancheur du pain et du biscuit est une simple affaire de mode et de préjugé.

On a dit de nous, avec raison, qu'aucun peuple ne subit aussi facilement que le peuple français la domination de la mode. Et la mode, sous le rapport de l'idée, est une sorte d'axiome qui n'admet ni l'examen ni la discussion.

Il est de mode d'avoir du biscuit très blanc et de vouloir aussi du pain très blanc.

Et pourtant le pain brun ou noir a ses qualités et propriétés très spéciales; et un mélange de 25 de farine de seigle et 75 de farine de froment fournit un pain très savoureux, réalisant de parfaites conditions ou point de vue de la physiologie et de l'hygiène.

Quant au pain bis ou *pain naturel* dont le blutage excessif n'a pas appauvri certains principes alimentaires des plus utiles, c'était le pain d'autrefois, celui auquel on devra revenir plus tard.

Il est à remarquer, en France, et je le fais observer ici, que la taille et la force des hommes ont toujours été en diminuant au fur et à mesure qu'on développait la blancheur du pain au détriment de sa valeur intrinsèque.

Il est évident qu'avec le système actuel de mouture et de blutage, poussé à l'excès, on enlève à la farine certains principes alibiles essentiels : des éléments azotés, des huiles grasses et aromatiques, des sels importants, tels que les phosphates, ainsi que le principe fermentescible et digestif naturel que renferme le grain de blé.

On ne recherche plus que la prédominance de l'amidon !

Et pourtant le soldat allemand qui, en moyenne, est plus grand et plus fort que le soldat français, consomme exclusivement le pain de seigle bluté à 10 %, avec une ration de 750 grammes par jour. Il s'en trouve très bien.

L'armée française consommait autrefois, avant la Révolution, un pain composé d'un quart de farine de seigle et de trois quarts de farine de froment ; il est vrai que la ration de viande était plus considérable qu'aujourd'hui.

On a vu, en 1812, les fantassins de la garde impériale française, avec leurs sacs, porter allègrement 70 livres par de longues marches : l'armée était alors au régime du pain noir.

Ceci dit a pour but de démontrer que la blancheur excessive du pain, du bispain, pain de guerre et biscuit n'a pas du tout l'importance et l'intérêt qu'on semble y attacher aujourd'hui.

Donc, les bispains ou pains de guerre peuvent être faits avec n'importe quelle farine de céréales possédant les propriétés réellement alimentaires : farine de froment, de seigle, d'orge, de maïs, d'avoine, de mil, etc., suivant le goût et les habitudes des consommateurs.

L'essentiel, en dehors des propriétés alibiles de la farine, c'est que la pâte subisse la fermentation panaire et la cuisson complète.

Il est utile aussi de saler convenablement dans la proportion de 250 grammes de sel marin par 100 kilogrammes de farine; mais le sel n'est pas indispensable et on peut faire une pâte non salée, si on l'exige ainsi.

Pour la fermentation de la pâte, il faut employer ou le levain ordinaire en parfait état ou la levure de grains blanche et fraîche. La levure de bière ne convient pas pour ces sortes de produits.

Lorsqu'on a obtenu la pâte destinée au bispain ou pain de guerre suivant les conditions exposées ci-dessus, c'est-à-dire une pâte suffisamment salée et en bon état de fermentation panaire, comme pour le bon pain ordinaire, on procède à la division de cette pâte pour obtenir les galettes carrées, rectangulaires ou rondes destinées à la cuisson. Il s'agit plutôt des galettes carrées, suivant la forme bien connue du biscuit.

La pâte peut être divisée à la machine ou à la main, suivant l'importance de la fabrication.

La machine diviseuse peut fournir des pâtons ou des galettes aplaties d'un poids sensiblement égal.

Le travail à la main se fait au moyen d'un rouleau et d'un coupe-pâte ou emporte-pièce de forme carrée qui découpe la galette à la dimension voulue.

Il est certains cas toutefois, notamment pour la cuisson en moules où ce découpage régulier de la pâte est inutile. Il suffit de disposer dans le moule le simple paneton, de poids convenable, lequel sous l'influence de la fermentation et du gonflement produit par la mise au four et la cuisson remplit exactement sous une forme régulière toute la capacité du moule.

On peut, en effet, après avoir obtenu la pâte convenable pour le bispain, pain de guerre ou pain de conserve, procéder à l'obtention de galettes uniformes et régulières et opérer ensuite la cuisson suivant divers moyens où l'outillage et le matériel varient quelque peu. Mais le principe de la fabrication est toujours le même.

MODE DE FABRICATION DU BISPAIN OU PAIN DE GUERRE

1° *Bispain sans moules,* — On fait une pâte ferme, contenant peu de levain ou de levure de façon à ne produire qu'une très légère fermentation, destinée à rendre le produit finement poreux, en évitant les cavités et les boursouflures qui se rencontrent dans le pain ordinaire.

4

La pâte est salée ou non salée à volonté.

L'enfournement de la pâte ou plutôt des galettes découpées et placées sur des tôles perforées ou des châssis convenables quelconques, se fait avant la fermentation complète de la pâte. Il faut éviter le gonflement excessif et les boursouflures. Au moment de l'enfournement, on frappe les galettes au moyen d'une sorte de composteur armé de tiges émoussées qui traversent toute la masse pâteuse, de façon à faire disparaître le gonflement de la pâte et favoriser la sortie de l'excédent d'eau pendant la cuisson, puis la dessiccation.

Le composteur peut aussi porter des lettres, signes ou chiffres, destinés à marquer le produit pour indiquer soit le nom du fabricant, soit la date de la fabrication.

A la sortie du four, on met les galettes à dessécher dans un endroit dont la température est d'environ 20 à 26 degrés, les galettes maintenues debout et appuyées les unes contre les autres; et au bout de quelques jours, quand elles sont suffisamment sèches, ce qui se constate facilement, on peut les emmagasiner par quantités dans un local de température moyenne, soit 15°, ou les emballer et les mettre en caisse.

Il y a dans cette fabrication du bispain ou pain de guerre sans moules un tour de main qu'on acquiert facilement avec un peu d'observation et d'habitude. Il faut aussi, bien entendu, la connaissance et l'expérience de la boulangerie.

En réalité, il s'agit d'obtenir, par des moyens analogues à ceux de la fabrication du biscuit et sous

une forme analogue, un produit qui représente le
pain légèrement fermenté, salé ou non salé, plus
dense que le pain ordinaire et moins dense que le
biscuit. Ce produit, bispain ou pain de guerre, subit
une cuisson à haute température, ce qui n'a pas lieu
pour le biscuit; mais à la sortie du four, de même
que pour le biscuit, on opère sa dessiccation convenable de façon à bien assurer sa conservation.
Grâce à la fermentation et à la parfaite cuisson, ce
produit est infiniment plus agréable et plus nutritif
que le biscuit et il a l'avantage de pouvoir être
utilisé comme pain de soupe, ce qui permet la
facile consommation des réserves.

(Le poids de chaque galette est d'environ
200 grammes.)

Son inconvénient c'est d'être peu dense et, en raison de son volume, de rendre les emballages quelque peu coûteux.

En outre, ce genre de bispain obtenu avec la farine
blanche de choix est cassant et se fendille facilement.

La farine de blé dur et la farine de seigle donnent
un produit plus dense et plus résistant.

Quelle que soit l'espèce de farine, le mode opéra-
toire est le même.

Ce procédé est simple et peu coûteux; et en
temps de guerre, le premier boulanger venu, avec
quelques indications sommaires, peut fabriquer ce
produit qui n'exige pas de matériel spécial, puisqu'il s'agit d'ailleurs d'obtenir un simple petit pain
carré ou de forme régulière qu'on fait dessécher
après cuisson, de façon à pouvoir le conserver pour

les emmagasinages et les transports. De plus, ce petit pain carré ne doit avoir qu'une légère fermentation, et conserver un volume aussi restreint que possible, avec une mie blanche, poreuse et légèrement bullée, une croûte mince brune dorée et l'odeur et la saveur agréables du bon pain ordinaire.

Ce produit est évidemment bien supérieur au biscuit à tous points de vue : il trempe parfaitement dans tous les liquides tels que café, thé, vin, bouillon, lait, etc.; il fournit un excellent pain de soupe et peut se manger à la main, sec ou hydraté, comme il est expliqué d'autre part.

2° *Bispain avec moules.* — Lorsqu'après le pétrissage la pâte a subi une première fermentation, on divise cette pâte, soit à la main, soit à la machine, en petits pâtons de poids égal, de façon à remplir les moules dans lesquels on doit cuire la pâte au four.

Les moules affectent une forme généralement carrée, semblable à celle du biscuit, de telle sorte que le bispain cuit en moule et desséché ensuite, arrive à peser environ 200 grammes, sous une forme carrée, nette et régulière qu'il prend par la cuisson. Les moules peuvent avoir 12 à 13 centimètres de côté; on peut d'ailleurs leur donner les dimensions les plus variables.

Ces moules sont de simples boîtes à couvercle, le tout en tôle finement perforée. La perforation de la tôle au moyen d'une infinité de petits trous permet le dégagement facile de l'excès d'eau renfermé dans la pâte, et, en outre, empêche l'adhérence de la pâte à la tôle; en même temps la cuisson du bispain en tôle perforée ou poreuse donne au produit une surface plane et lisse sans aucune soufflure, sans aucune irrégularité.

Le bispain ou pain de guerre obtenu en moules clos ou fermés et à parois poreuses présente un très bel aspect.

Il faut manier la pâte rapidement, placer et tasser le pâton dans le moule en laissant un peu de vide, puis enfourner aussitôt. Sous l'influence de la vive chaleur du four, la pâte gonfle subitement en remplissant exactement toute la cavité du moule. Il se dégage de la masse pâteuse de l'air, de l'acide carbonique et de la vapeur d'eau, la croûte se forme en même temps et empêche l'adhérence de la pâte aux parois du moule. Après la cuisson on le met à sécher pendant quelques jours. La croûte de ce bispain est généralement épaisse, avec une mie blanche finement poreuse.

Ici, la cuisson du bispain s'opère sous une véritable pression, de telle sorte que le produit est obtenu à l'état comprimé et condensé quoique poreux et léger, grâce à l'action simultanée du ferment panaire, de la chaleur et du moule faisant office de presse à chaud. Sur la paroi intérieure du couvercle des moules, on peut faire saillir des marques ou lettres en relief qui s'impriment en creux sur le bispain pendant la cuisson. Ce bispain obtenu avec moules constitue également un excellent produit, convenant très particulièrement comme pain de soupe. A l'hydratation, il revient moins facilement que les autres à l'état de pain frais; mais il trempe parfaitement dans tous les liquides alimentaires.

Ses surfaces nettes et unies ainsi que sa parfaite régularité favorisent sa conservation et son emballage. On peut l'obtenir avec les diverses farines dont il a été question ou des mélanges judicieux de certaines farines suivant le but proposé ou le goût des consommateurs.

BISPAIN PAR COMPRESSION. — On prépare la pâte comme pour le pain ordinaire, qu'il s'agisse de farine blanche de blé tendre ou de blé dur ou bien de farine de seigle. La galette, découpée à la main ou à la machine, est placée dans un moule sans fond composé d'un simple ruban de tôle perforée ou de feuillard disposé en carré suivant la forme et la dimension du biscuit de guerre ordinaire avec une hauteur de 2 à 3 centimètres.

Le dessous des galettes repose sur une couche de toile pareille à celle dont on se sert pour le pain. Quand les galettes ont quelque peu fermenté ou levé, on procède à l'enfournement. Les galettes sont retournées sur la pelle à enfourner ou sur les châssis d'enfournement, de façon que la partie qui était en dessous et reposant sur la couche se trouve en dessus pour l'enfournement. La partie de dessous présente en effet la fraîcheur et l'humidité nécessaires pour obtenir au four la couleur jaune ou brun doré du bispain à la surface. Au moment de l'enfournement on pique et on estampe la galette, pour diminuer le gonflement de la pâte, favoriser son affaissement et obtenir après cuisson la marque réservée pour le produit.

Les simples moules ou carrés de tôle ont pour but de maintenir les bispains à la dimension régulière voulue, ronde, oblongue, ou carrée. Les galettes ou bispains peuvent reposer sur la sole du four si elle est plane et régulière ou sur des tôles perforées ou des châssis à base de tissu d'amiante. Les galettes n'étant maintenues que par leurs côtés pendant la cuisson, gonflent en hauteur et présentent après la cuisson l'aspect de pains carrés quelque peu bombés. Ce sont des bispains non comprimés. On les retire du four au bout de 25 à 35 minutes environ ; puis on les fait rassir pendant 24 à 36 heures de façon que les biscuits subissent cette fermentation lente ou modification moléculaire qui fait si sensiblement différencier le pain rassis du pain frais.

On pourrait se contenter du produit tel qu'il est obtenu à ce moment pour le faire sécher complètement de façon à pouvoir l'emmagasiner ou l'emballer tel quel pour la consommation.

Il a déjà cet avantage sur le *bispain obtenu sans moules*, *bispain n° 1*, d'être d'une forme plus régulière et plus agréable à l'œil. Mais, comme ce dernier il a l'inconvénient d'être un peu volumineux, surtout quand il est obtenu avec de la farine de froment très blanche et avec une pâte douce ayant subi la fermentation panaire prolongée. Il s'agit donc de réduire son volume et de condenser le bispain au moyen d'une compression méthodique. A cet effet, j'ai imaginé de soumettre les bispains une fois rassis, à l'action d'une presse agissant par des plateaux chauffés à la vapeur. Les plateaux de compression, solidement établis, comportent un revêtement poreux à la surface en contact avec les bispains; de plus, un cadre à compartiments maintient les bispains sur le plateau inférieur. Sous la pression lente et graduelle et au contact des plateaux chauffés, les bispains sont comprimés dans le sens de la hauteur, condensés, recuits et desséchés tout en prenant la forme définitive.

L'eau en excès s'échappe des bispains pendant l'opération ; il n'y a plus qu'à les mettre au séchoir pour quelques jours, après quoi on peut les emballer en toute sécurité pour la conservation ou les transports.

Le revêtement poreux dont il est question plus haut peut se faire avec un simple tissu d'amiante ou une matière quelconque pouvant remplir ce rôle. Ce revêtement n'est pas indispensable et la compression à chaud peut se faire entre des plateaux à surface métallique polie ; mais la parosité de la surface des plateaux, en contact avec des bispains ou pains soumis à la compression, favorise le dégagement d'eau et d'humidité et assure la déshydratation des bispains.

On peut facilement se rendre compte du principe et de la valeur de cette opération, au moyen d'un petit pain ordinaire de 200 ou 250 grammes, et de deux grands carreaux chauffés au four. Pour empêcher l'écartement ou l'écrasement excessif du pain, on l'entoure solidement d'un ruban ou bandelette de toile, puis on le comprime entre les deux carreaux chauffés. On voit aussitôt le pain se comprimer dans le sens de la hauteur, et se condenser avec la disparition des grands vides poreux qui donnent sa légèreté au pain, en même temps que l'eau, ou plutôt la vapeur d'eau, s'échappe abondamment du pain

En gardant ce pain, comprimé pendant quelques jours dans un air sec, il est apte à se conserver très longtemps.

Le bispain, obtenu par la compression à chaud, ne possède peut-être pas la régularité géométrique du bispain cuit sous pression en moules poreux ; mais, c'est un excellent produit, d'ailleurs d'aspect agréable et séduisant, qui trempe dans les différents liquides d'une façon remarquable en gonflant considérablement, et surtout qui régénère le plus facilement le bon pain frais, soit par la simple hydratation dont il est parlé plus haut, soit par une opération dont il sera question plus loin.

Pour ce mode de préparation ou de fabrication de bispain, les farines de blé dur, en raison de leur richesse en gluten, et les farines de seigle, en raison de leur principe spécial mucilagineux et glutineux, donnent de parfaits résultats.

La farine blanche de froment donne un produit très blanc et très agréable à l'œil; mais l'excès d'amidon rend ce produit, de même que les autres, quelque peu fragile et cassant.

Il est vrai qu'avec des précautions dans l'opération, et un bon système d'emmagasinage et d'emballage, les bispains résistent très bien au choc des transports et se conservent plusieurs années.

Ces descriptions suffisent pour qu'on puisse avoir sur les différents genres de bispain des renseignements précis, en même temps que les indications nécessaires pour leur fabrication dans de bonnes conditions.

Il est évident que, suivant certaines circonstances

5

et conditions, ces modes et systèmes de fabrication peuvent être quelque peu modifiés au gré des intéressés.

La transformation des bispains en pain frais va être encore traitée à propos de la *Paneteuse*.

Les bispains ou produits panaires, destinés à remplacer le biscuit militaire, sous quelque nom qu'on les désigne, et conformes aux descriptions que j'en ai données dès 1885, en les complétant plus tard (voir *Revue scientifique* du 7 mars 1886), viennent assurément réaliser le problème du remplacement avantageux du biscuit, pour le plus grand intérêt de l'armée et des finances publiques.

PANETEUSE OU MANUTENTION MOBILE

Les bispains, pains de guerre, pains de conserve ou pains comprimés, ou pains condensés, quel que soit le nom qu'on veuille leur donner, constituent un immense progrès en venant remplacer le biscuit. En créant ces sortes de produits, je m'étais proposé aussi la production rapide et pratique du pain frais au moyen de la machine de mon invention, dite *Paneteuse*. C'est même là que consiste le plus intéressant de cet ensemble de travaux et d'inventions concernant l'alimentation du soldat.

A l'apparition du bispain, la tourbe des contrefacteurs exploita les produits similaires en coupe réglée, sans se douter que cette invention avait besoin d'être complétée et mise au point grâce à la *Paneteuse*. On pourra facilement apprécier plus loin l'intérêt et l'utilité de cet appareil.

Je l'ai dit d'autre part : il est absolument impossible de compter sur les grossières machineries actuelles (fours roulants et boulangeries de campagne) pour fournir le pain frais aux troupes en campagne.

Les règlements administratifs prescrivent que, pour les troupes en opérations, l'Intendance doit assurer le *pain frais* et les *bestiaux vivants*. Mais, pour faire du pain frais, il faut un matériel spécial et des conditions impossibles à réaliser en campagne.

On a voulu traîner des fours énormes et des voitures encombrantes à la suite de l'armée, lors des grandes manœuvres, à différentes époques et dans diverses régions.

On pouvait voir, sur un certain point, douze énormes machines, du poids de près de 3.000 kilogrammes, traînées par quatre chevaux, et suivies par d'autres voitures dont les unes étaient chargées de matériel et d'ustensiles, et les autres de la farine et des levains nécessaires pour la fabrication du pain.

Ces fours roulants, avec leur escorte de chariots, encombraient les colonnes en marche, détérioraient les routes et n'arrivaient jamais pour se trouver en temps convenable aux campements. En temps de guerre, et pendant les marches et contre-marches nécessitées par les opérations, toute cette machinerie serait exposée à tomber trop facilement entre les mains de l'ennemi.

Quant à laisser ces boulangeries mobiles installées en arrière de l'armée, on se trouverait alors avec la difficulté bien connue de transporter plus ou moins loin des pains frais, chauds ou mal ressués.

Les pains provenant de ces manutentions mobiles se conserveront d'autant moins et se détérioreront d'autant plus facilement qu'ils sont obtenus dans de mauvaises conditions, avec une fermentation et une cuisson insuffisantes.

Les pains frais ou mal cuits, quand on les transporte dans des wagons fermés, s'écrasent et s'aplatissent en même temps que la moisissure les envahit aussitôt. En outre, ils prennent une odeur et un goût désagréables.

Le transport en sacs par voiture offre des incon-vénients analogues. De toute façon, soit que ces boulangeries mobiles accompagnent les corps d'ar-mée en déplacements rapides et continuels, soit qu'on les installe loin des opérations sur les derrières de l'armée, elles ne peuvent fournir aucun résultat pratique, et les *fours roulants* actuels ne peuvent que procurer des mécomptes et constituer des *impe-dimenta*.

Si d'ailleurs une armée, un corps d'armée ou même un régiment doit séjourner un certain temps, ne fût-ce que quelques jours, dans un même endroit, il n'est pas difficile assurément de construire dans des conditions à peu près convenables le four ordi-naire ou four classique du boulanger, avec des matériaux qui sont disponibles dans tous pays. En laissant de côté pour ces fours provisoires les maté-riaux et les effets purement décoratifs, on peut obtenir en quelques heures un four simple et rudi-mentaire, où la cuisson du pain aura lieu d'une façon satisfaisante.

Quant au reste du matériel et de l'outillage de boulangerie, on peut l'avoir facilement en réserve ou se le procurer sur place.

Pour la farine, c'est une question d'approvision-nement ou de transport suivant ce qui a lieu pour les vivres quelconques.

Mais ces intallations pour la fabrication du pain au milieu de l'armée en campagne présentent des difficultés de toute sorte quels que puissent être les moyens les plus simples et les plus perfectionnés, en raison même des conditions délicates que comporte la confection d'un pain convenable.

Aussi, pour éviter toute manutention longue, difficile et même parfois impossible, faut-il compter essentiellement sur le pain fait d'avance, d'une conservation certaine et d'un transport commode et facile. C'est dans cette intention qu'on a employé le biscuit et qu'on doit employer désormais les pains de guerre ou pains concentrés substitués au biscuit.

Au moyen de la *Paneteuse* on pourra d'ailleurs d'une façon rapide, commode et économique fournir le pain frais aux troupes même dans les déplacements les plus rapides.

Voici la description de cet appareil, tel que le comporte mon Brevet d'Invention.

Je reproduis ici d'une façon littérale le mémoire descriptif du brevet d'invention avec la figure accompagnant le brevet.

Mémoire descriptif déposé à l'appui de la demande d'un

BREVET D'INVENTION

ayant pour titre

Invention concernant les PANETEUSES ou procédé spécial pour fournir le pain frais aux armées en campagne.

DESCRIPTION

La présente demande de brevet a pour but l'application de théories nouvelles et de principes scientifiques, en vue d'obtenir et de fournir d'une façon commode, rapide et économique le pain frais nécessaire aux armées en campagne.

Ce système présente à tous points de vue des conditions absolument nouvelles et d'un avantage incontestable. Jusqu'ici on emploie pour les troupes en campagne, afin de les fournir de pain frais, soit les boulangeries sur place existant dans les pays occupés, lesquelles boulangeries sont très insuffisantes, par suite de l'accumulation considérable d'hommes sur un seul point, soit les boulangeries mobiles de campagne installées sur chariots, telles qu'on les emploie actuellement et qui ne peuvent produire, qu'avec beaucoup de difficultés, une faible quantité de pain, toujours mal réussi et à peine mangeable.

Mon système consiste, essentiellement, à fabriquer tout d'abord un pain ordinaire, comprimé, condensé et déshydraté, qui peut se conserver en parfait état pendant plusieurs années et, tout au moins, pour la durée de l'emmagasinage et des transports.

Ce pain condensé, tout en ayant la composition et les propriétés du bon pain ordinaire, est analogue au biscuit comme état de dessiccation et faculté de conservation. Peu importe que ce soit du pain de froment ou du pain de seigle.

Et alors pour les armées en campagne ou même pour la marine, au lieu d'avoir les approvisionnements de farine et d'en faire les expéditions et les transports, on emploie ces pains condensés ou de conserve qu'il est plus facile, plus sûr et plus commode de conserver et de transporter que s'il s'agissait de farine.

C'est le principe du *travail accumulé* que j'applique à la production et à la fourniture du pain frais pour des troupes ou des armées en déplacement rapide et continuel. Ainsi, au lieu de mettre en œuvre la farine pour obtenir la pâte, la faire fermenter, et cuire les pains dans des fours de dimension restreinte, ce qui constitue des opérations longues et difficiles, et le plus souvent impossibles en temps de guerre, on procède tout autrement avec les pains condensés, secs et déshydratés, dont les approvisionnements et le transport sont toujours faciles. Ce pain pourrait être consommé sec et en nature comme le biscuit.

Ce sont les pains de conserve que l'on emploie comme approvisionnement et comme matière première au lieu de la simple farine plus altérable.

A cet effet, j'ai imaginé un appareil transportable, monté sur quatre roues, lequel se compose essentiellement d'un générateur à vapeur et d'un récipient hermétiquement clos ou *autoclave*, en fer ou en cuivre, pouvant être chauffé à la vapeur et recevoir en outre un courant de vapeur humide, cette vapeur étant fournie par le générateur annexé au récipient.

(Voir le dessin et la légende explicative.)

Dans l'intérieur de ce récipient ou autoclave, que l'on peut ouvrir et fermer à volonté, existent des rainures ou supports sur lesquels on peut disposer un certain nombre de tôles perforées ou treillages métalliques superposés en plus ou moins grand nombre suivant l'épaisseur des pains.

La *paneteuse* peut s'établir aussi sur wagon.

Le générateur étant sous pression convenable, on introduit dans l'appareil autoclave et sur les toiles métalliques perforées ou tablettes de support les pains condensés ou déshydratés que l'on a conservés depuis plus ou moins longtemps. Au moyen d'un robinet d'introduction de vapeur, on fait pénétrer la vapeur dans le récipient ou autoclave, de façon que les pains desséchés et déshydratés soient soumis à l'action de cette vapeur.

La vapeur produit aussitôt l'hydratation et le gonfle-

ment des pains qui reprennent alors leur forme primitive, en gonflant surtout en hauteur suivant l'état normal.
Quand les pains sont suffisamment humectés et hydratés,
et en vue de les faire gonfler et pour qu'ils reprennent
bien la forme voulue, avec l'état d'hydratation convenable au centre en même temps que la sécheresse de croûte
du pain frais sortant du four, on ferme les robinets de
sortie, de façon à débarrasser complètement de la vapeur
d'eau l'intérieur de l'autoclave. Et on chauffe alors vivement au moyen des serpentins ou doubles-fonds à vapeur
spéciaux pour le chauffage, de façon à faire disparaître
l'excédent d'humidité, de telle sorte que les pains arrivent
à l'apparence et à la consistance du pain frais ordinaire des
boulangers, l'extérieur du pain étant parfaitement sec ou
ressuyé, avec la croûte brune ou dorée. On ouvre enfin
l'autoclave pour en retirer les pains ou les défourner.

On a ainsi obtenu, en quelques minutes, avec ces pains
de conserve et la paneteuse de mon système, le pain frais
et savoureux que les moyens ordinaires ne peuvent donner
qu'au bout de six heures au moins, et pour une quantité
douze ou quinze fois moindre !

L'opération est très simple et très rapide ; et une seule
paneteuse peut fournir en quelques heures le pain frais
nécessaire à plusieurs milliers d'hommes.

On peut avec la *paneteuse* ramollir et rafraîchir le
biscuit ordinaire, de façon à le recuire, l'attendrir et le
rendre plus mangeable.

La *paneteuse* a aussi ce grand avantage, pour les
armées en campagne, de pouvoir cuire les viandes rapidement et économiquement, à la façon du four ordinaire des
boulangeries, et pouvoir servir 'une façon générale à la
cuisson des aliments, et avec des températures précises et
faciles à régler.

On peut même la faire servir très avantageusement
pour la fabrication des conserves.

La paneteuse installée sur son chariot comprend, essentiellement : le générateur et l'autoclave, avec les tuyaux et serpentins de vapeur, les châssis métalliques, les robinets d'entrée et de sortie de vapeur, la purge des condensations, le retour des condensations et les thermomètres avec le manomètre.

A   Générateur de trois chevaux avec injecteur d'alimentation.
B   Autoclave pour l'hydratation des pains.
C   Coffre à charbon.
D   Châssis métalliques portant les pains.
E   Trois tôles pleines pour l'écoulement des condensations.
F   Récepteur des condensations.
H   Purge des condensations.
G   Robinets d'échappement des vapeurs.
I   Quatre serpentins barboteurs.
J   Quatre serpentins de séchage.
K et L Robinets d'entrée de vapeur.
M   Robinet de sortie des serpentins.
N O Arrivée de vapeur aux serpentins et aux barboteurs.
P   Retour des condensations.
Q   Soupape de sûreté.
R   Thermomètres.

Je puis faire varier la forme de l'autoclave, ronde, carrée ou cylindrique et disposer d'une façon quelconque les divers organes et pièces de l'appareil en vue des meilleurs résultats.

REVENDICATION

En résumé, je revendique conformément à la loi par la présente demande de Brevet, dans son ensemble et dans ses détails, la propriété du système nouveau et de mon invention, consistant dans l'emploi de la PANETEUSE, appareil spécial avec générateur à vapeur et récipient

clos et autoclave, en vue de transformer rapidement et
économiquement les pains comprimés, les pains de conserve secs et déshydratés en bon pain frais ; en vue, aussi,
de cuire la généralité des aliments et de préparer les
conserves en boîte, le tout suivant ce qui a été décrit
dans ce mémoire, dans les conditions exposées et comme
il a été dit ci-dessus.

Signé : ÉMILE SERRANT.

Par cette description sommaire, avec le dessin et
la légende explicative, on voit facilement en quoi
consiste la *Paneteuse*, et on s'explique alors que les
produits, pains comprimés, secs et déshydratés, par
lesquels on peut remplacer le biscuit, sont beaucoup plus intéressants quand on les considère par
rapport à la *Paneteuse*, qui les transforme en pains
frais, et permet ainsi de fournir au soldat du *pain
réel* au lieu d'un produit sec et dur comme le biscuit ou le pain de guerre.

J'estime que, grâce à la *Paneteuse*, le soldat ne
peut être soumis au régime du pain de guerre ou
bispain secs que dans des cas très rares et tout à
fait exceptionnels.

Je n'ai pas besoin de m'étendre davantage sur le
bon fonctionnement de cet appareil, dont les résultats ont été hautement appréciés par les gens les
plus compétents.

C'est avec la *Paneteuse* et les pains comprimés,
secs ou déshydratés, obtenus par les différents
moyens que j'ai indiqués, qu'on arrive à résoudre le

difficile problème de la fourniture rationnelle du pain frais aux troupes en campagne.

Pour les expéditions coloniales, la *Paneteuse*, plus ou moins réduite, remplacera avantageusement tous les systèmes de boulangerie.

On pourrait même faire consommer les réserves de pain de guerre, après les avoir passées à la *Paneteuse;* mais on a aussi la ressource d'en faire le pain de soupe.

LA VIANDE ET LES CONSERVES DE VIANDE

Nous savons que les substances alimentaires comportent quatre principes ou éléments principaux au point de vue de la nutrition : 1° les matières azotées ou albuminoïdes représentées surtout par la fibre rouge et charnue des animaux, par le gluten des céréales, etc...; 2° les matières grasses et huileuses; 3° les matières féculentes et amylacées; 4° les matières minérales, telles que phosphore, chaux, potasse, soude, fer, etc.

La viande est l'aliment par excellence pour fournir à l'homme l'azote et l'*énergie*. C'est la viande qui, de tous les aliments du soldat, peut le mieux entretenir le bon état de santé, réparer les forces et compenser aux fatigues et aux pertes physiologiques de toute sorte.

On a vu que la ration de viande du soldat français est fixée à 300 grammes.

Cette ration est insuffisante, et devrait être portée normalement à 400 grammes en temps de paix, pour l'augmenter jusqu'à 500 grammes en temps de guerre et de grandes manœuvres.

On objecte à cela qu'il y a les nécessités budgétaires, sans songer que, faute ou insuffisance de viande pour le soldat, il y aura les tâcheuses et coûteuses journées d'hôpital, la diminution des effectifs, l'affaiblissement et le manque d'entrain chez le combattant.

En temps ordinaire, les corps de troupes se procurent la viande auprès des fournisseurs, d'après des marchés dont les prix sont variables suivant les temps et les localités.

La viande pour le soldat, surtout à Paris et dans les grandes villes, consiste généralement en *bas morceaux*, tels que le cou, le flanc, le foie, les poumons.

Il y a aussi les fournitures par *quartiers*, cette viande par quartiers offrant des garanties mais coûtant plus cher.

Ce qui serait préférable pour le soldat, partout où les garnisons comportent un nombre d'hommes suffisant, c'est la fourniture de la viande par des *boucheries militaires*, telles que certains chefs de corps en ont établies en divers endroits, encore trop peu nombreux.

Une *boucherie militaire*, installée dans une ville du Sud-Est, pour fournir la viande à la garnison, a réalisé, dès la première année, les résultats suivants : remboursement complet des installations, économie ou *boni* de 8.000 francs, et large distribution d'une excellente viande, meilleure que celle fournie par les achats d'autrefois.

L'installation d'une boucherie est si simple, et comporte si peu de matériel et d'outillage, que des *boucheries militaires* devraient exister partout où il y a des garnisons, pour fournir la viande au soldat : il y aurait ainsi les avantages de l'hygiène, du bon marché et de la qualité.

La qualité de la viande s'apprécie aux caractères physiques et à l'examen anatomique et microscopique. Mais, au simple coup d'œil, et avec un peu d'habitude, on juge assez facilement des qualités et de la valeur d'une viande.

Ainsi, pour la viande de bœuf, celle que le soldat consomme toute l'année, l'odeur spéciale doit être agréable, la couleur vive et franche, parfaitement ferme dans les larges tranches de parties musculaires ; au simple toucher, la viande présente une certaine résistance ou élasticité, la graisse est de couleur jaune ou blanche, et quand l'animal était en bon état de santé ou d'engraissement, on voit la graisse sous forme de veines ramifiées dans les tissus, ce qu'on appelle la *viande verpillée*.

Avec le système des boucheries militaires, le soldat sera toujours assuré d'avoir une viande convenable ; et, pour augmenter sa ration, sans défaire l'équilibre du budget, c'est probablement le seul moyen sur lequel on puisse compter.

En temps de guerre, quand il s'agit de fournir la viande aux armées, on fait des réquisitions sur place, ou on fait venir de loin des troupeaux de bestiaux.

Les réquisitions sur place peuvent suffire provisoirement quand il s'agit de corps d'armée peu nombreux : c'est ainsi qu'on faisait autrefois pour les petites armées en mouvement. Aujourd'hui, il faut faire venir la viande sous forme de troupeaux ou de *conserves*.

Il est difficile de faire suivre une armée par des troupeaux de bœufs. Si les troupes d'hommes peuvent faire 30 à 40 kilomètres par jour consécutivement, c'est à peine si les bestiaux peuvent en faire la moitié.

Le bœuf, avec son pied fourchu, disposé pour les prairies au sol mou et humide, ne peut marcher long-temps sur le macadam des routes; il lui faut aussi du temps et de longues stations pour manger, boire et ruminer, sous peine de maigrir rapidement.

C'est donc une illusion de compter sur la distribu-tion de viande fraîche en temps de guerre pendant la période de marches et de combats. Aussi faut-il compter sur les conserves de viande qui doivent faire partie des approvisionnements de première ligne.

Il n'est plus possible maintenant de faire suivre les immenses armées par des bestiaux et de faire un service de boucherie au milieu de marches conti-nues. Les inconvénients et les dangers d'un tel sys-tème sont nombreux et ressortent trop clairement : impossibilité d'une marche soutenue pour les bes-tiaux, diminution des effectifs pour trouver les gar-diens et conducteurs de troupeaux, abattage, dépè-cement et débit des animaux dans les plus mauvaises conditions, sans installation et souvent sans eau, épandage de toutes les issues abandonnées à la pu-tréfaction, distribution de viande chaude non égout-tée, et le plus souvent manque absolu de temps pour procéder aux opérations de la boucherie après chaque étape.

Avec les vivres de conserve, on peut parer à tous ces inconvénients et dangers et se trouver à l'abri des déceptions toujours très fâcheuses et redou-tables dans les armées en campagne. Il y a d'ailleurs des circonstances où, même pendant les opérations d'armée, la distribution de viande fraîche devient possible; mais il ne faut pas compter sur cette distribution comme règle et comme principe.

A propos de viande fraîche, il convient d'établir ici certaines considérations qui ont leur importance au point de vue de l'alimentation du soldat.

La viande qu'on distribue au soldat devrait être consommée le plus souvent à l'état de *rôti* au lieu de la faire servir, d'une façon presque invariable, à la confection de cet insipide et indigeste *bouilli* où la viande perd presque toutes ses qualités et propriétés alibiles et digestibles.

Brillat-Savarin disait justement que le bouilli est de la *chair moins son jus.*

Tous les hygiénistes ont condamné cet usage abusif du bouilli qui arrive à fatiguer les organes digestifs et à occasionner des digestions pénibles et d'ailleurs incomplètes, par suite desquelles une partie des éléments nutritifs se trouve inutilisée et perdue pour l'économie.

C'est une erreur de croire que le morceau de viande bouillie, avec le bouillon qui l'accompagne, représente l'intégralité de la viande primitive ou de la viande rôtie.

Pour ces deux morceaux de viande cuits différemment, les équivalents nutritifs ne sont plus les mêmes; et la digestibilité est également toute différente.

A poids égal la viande rôtie est plus nutritive, plus digestible et plus assimilable que la viande bouillie, même lorsque cette dernière est accompagnée du bouillon qui lui a enlevé ses matières solubles. il est évident qu'en soumettant la viande à une longue ébullition, sa structure et sa composition moléculaire sont profondément modifiées ; les fibres musculaires deviennent dures, sèches et résistantes, l'albumine disparait ou change de nature, et les principes minéraux solubles sont enlevés à la viande par une sorte de lessivage.

Lorsque la viande, cuite ou crue, est soumise à la mastication, ces principes minéraux sont précisément très utiles et même indispensables pour assurer au bol alimentaire, sous l'influence du suc gastrique, sa digestibilité et sa parfaite assimilation.

Suivant l'expression de Bouchardat : « Ce n'est pas ce qu'on mange qui nourrit, mais ce qu'on digère et qui est assimilé. » Et quand on mange du bouilli et du biscuit, la plus grande partie de tels aliments n'est pas digérée ni assimilée.

On doit donc proscrire l'usage ou tout ou moins l'abus de la viande bouillie.

Le bouillon ne fait pas du tout retrouver ce que la viande, après une longue ébullition, a perdu de sa valeur et de ses propriétés nutritives.

La viande rôtie peut, au contraire, être consommée sans dégoût d'une façon presque continuelle. Il est d'ailleurs facile de varier la préparation de la viande, tout en proscrivant la longue ébullition par le pot-au-feu, et en obtenant sa cuisson par un rôtissage plus ou moins complet.

Le rôtissage de la viande, outre sa rapidité et sa commodité, a pour résultat : de coaguler aussitôt le sang et l'albumine des tissus, de développer le goût et l'odeur si agréables d'osmazome, de cuire toutes les parties dans une favorable proportion, de rendre

les tissus divisibles et tendres, par conséquent faciles à mastiquer et à digérer, enfin de conserver à
la chair ses éléments solubles, minéraux ou salins,
qui facilitent et assurent la parfaite assimilation de
l'aliment.

Un écrivain compétent, M. Rétault, fait une remar-
que très judicieuse à propos de l'inévitable bœuf
bouilli du soldat : « N'est-il pas évident, dit-il, que,
de même que la nature a permis à l'homme de varier presque à l'infini sa nourriture, elle n'a pu lui
permettre de l'uniformiser, sous peine de voir l'équilibre de ses fonctions détruit? C'est pourquoi il
n'existe pas d'aliment, quelque complet qu'il soit,
dont l'usage prolongé trop longtemps ne laisse l'économie plus ou moins en souffrance... »

Il y a toutefois une exception pour le pain dont
l'usage continu et régulier n'a jamais inspiré ni dégoût ni fatigue, et dont la consommation journalière
se fait toujours avec une satisfaction nouvelle. Le
système du bœuf bouilli implique celui de la *soupe*,
du *pot-au-feu*.

La soupe est une des hérésies grossières de l'alimentation du soldat, bien qu'il soit de mode de
dire que la soupe est, pour le soldat français, un
mets national *indispensable*. En temps de paix et
quand les troupes sont stationnaires, on peut laisser la soupe au soldat, quoique sa valeur alimentaire
ne soit pas du tout celle qu'on se figure d'après
un préjugé trop commun.

Mais en temps de guerre, avec les marches et les
combats, la manie de la soupe devient un grand
inconvénient et un réel danger.

Pour faire de la soupe suivant la recette classique
du troupier, il faut de la viande fraiche, de l'eau
pure en abondance, des légumes frais, des épices
et une préparation de *quatre à cinq heures*. Pour
faire cette soupe ou pour l'améliorer, le soldat en
campagne devient maraudeur, il passe la plus
grande partie de son temps à dévaster les jardins
et les champs, à chercher les carottes, les navets et
les pommes de terre, en bouleversant et retournant
le sol déjà dix fois fouillé par d'autres. Et tout cela
pour obtenir un aliment de valeur inférieure !

La confection de la soupe avec les longues heures
de cuisson, oblige à faire du feu dont la fumée
pendant le jour et les flammes pendant la nuit font
connaitre à l'ennemi l'emplacement exact des bi
vouacs et servent de point de mire à ses projectiles.

Il n'y a qu'à se rappeler ce qui est advenu trop
souvent pendant les dernières guerres ou à lire
les récits de la guerre de 1870 : « Parfois, dit
le médecin en chef Baudens, le signal du clairon
fait renverser la marmite; en campagne, ces jours
néfastes sont communs ».

« Combien de fois, dit un auteur militaire, nos
soldats ont-ils été surpris par des obus tombant au
milieu de leurs lignes de marmites. Combien de fois,
avant de courir aux armes, ont-ils été obligés de
renverser le bouillon pour emporter de la viande à
moitié cuite ».

A chaque instant, les troupes françaises étaient
surprises au moment de la soupe par des troupes
allemandes qui avaient passé la nuit dans les bois,

sans feux et sans soupe, et qui étaient guidées vers les campements français par les feux ou la fumée des cuisines.

Quant à nous, le plus souvent, au milieu de notre pays, nous ignorions où était l'ennemi !

La soupe n'est pas un aliment indispensable, on peut s'en passer avec des avantages de toute sorte, et il est nécessaire de s'en passer généralement en temps de guerre : disons-le hautement !

Au point de vue physiologique et hygiénique, la soupe a un grand inconvénient : son usage fréquent ou abusif amène fatalement la dyspepsie et la dilatation de l'estomac. La grande quantité de liquide qu'elle renferme pour une très faible proportion de principes nutritifs empêche le suc gastrique d'agir efficacement sur la masse alimentaire ; et cette masse est entrainée trop rapidement vers l'intestin sans avoir subi l'action digestive de l'estomac. Suivant une expression populaire, on peut dire avec raison de la soupe que c'est un aliment *qui ne tient pas au corps.*

Cette question de la soupe est si intéressante et si importante qu'à ce propos je désire citer ici en entier l'opinion d'un administrateur militaire des plus éminents et dont la haute compétence est bien connue : « Ces rouages multiples, dit-il, qui doivent pourvoir à la mobilisation, aux transports stratégiques, à la concentration et à l'administration des armées actives, sont si compliqués et si fragiles qu'il faut s'efforcer de les simplifier, et tout d'abord diminuer les besoins : *proscrire la soupe*, qui exige du feu à peu près jour et nuit, et qu'avec la mar-

mite individuelle on voudra faire partout, même
aux avant-postes, même entre les jambes des sen-
tinelles; la remplacer, si l'on tient à des repas
chauds, par le café ou la soupe à l'oignon en tablettes. Ces préparations n'exigent que le temps
nécessaire pour obtenir de l'eau bouillante. Il faut
bien persuader au soldat français que l'on peut
parfaitement vivre, pendant plusieurs jours, avec
du biscuit (maintenant du pain de guerre) et des
conserves; que le métier de fricoteur présente, à la
guerre, les plus grands dangers; que nos pères ont
vaincu parce qu'ils savaient jeûner, aussi bien dans
la solitudes des Alpes que dans les déserts de Syrie
et d'Egypte. Il serait imprudent de laisser croire à
la nation armée que la guerre peut se faire sans
privations... Pas de malentendus! La guerre est,
doit être et sera toujours un métier pénible et plein
de privations. »

On voit que cette simple question de soupe peut
comporter de sérieuses considérations au point de
vue de la guerre.

Le remplacement de la soupe se fera avec avantage par de la viande cuite très simplement et rapidement ou même par des conserves de viande,
chaque fois que l'armée sera dans le voisinage de
l'ennemi : on évitera ainsi les désastreuses surprises
dont les Français ont été tant de fois victimes
en 1870.

Les conserves de viande usitées dans l'armée et
dans la marine consistent généralement en viande
de bœuf désossée et cuite, et mise dans des boîtes
de fer blanc étamé dont la contenance est d'un ki-

logramme. La viande cuite est enrobée dans une sorte de bouillon gélatineux qui remplit les interstices et toute la boite.

La fabrication des conserves de viande a été imaginée par Appert en 1804. L'invention primitive a été perfectionnée plus tard par d'autres fabricants, MM. Fastier et Martin de Lignac. La préparation des conserves repose sur le principe suivant : On place la viande ou toute autre substance organique à conserver dans des boites de fer-blanc dont on soude le couvercle, en y laissant un petit orifice pour y introduire du bouillon ou de la sauce afin de remplir les vides, et pour permettre le dégagement de l'air pendant le chauffage. Les substances ont subi préalablement une certaine cuisson.

Les boites ainsi remplies sont placées dans des chaudières-autoclaves où on les soumet pendant plus ou moins longtemps à une température dépassant 100°. Au moment de l'ébullition du bouillon qui chasse l'air de la boite, et alors que la vapeur sort à son tour, on ferme le petit orifice au moyen d'une goutte de soudure.

Quand les boites sont hermétiquement closes, on les soumet encore à l'action de la chaleur dans l'autoclave. Le procédé peut varier quelque peu suivant les fabricants; mais le principe est toujours le même : action de la chaleur pour détruire les ferments et soustraire la viande ou les légumes à l'influence de l'air.

Les conserves de viande ne sont pas toutes d'égale valeur ou qualité. En général, elles ont trop souvent ce goût spécial assez peu agréable qu'on appelle précisément le *goût de conserves*.

La haute température à laquelle on soumet la viande en vase clos, 105 à 110°, constitue une *hyper-coction* qui altère les tissus et nuit à la sapidité et à la valeur nutritive de la viande.

Dans certains cas, le bœuf et le mouton prennent un mauvais goût qui semble provenir de la graisse.

Mais le défaut capital d'un grand nombre de conserves de viande de bœuf, c'est de représenter simplement de la viande épuisée de ses principes solubles et de ses éléments minéraux, et de n'être en réalité que les résidus de fabriques d'extraits de viande comme il en existe un certain nombre à l'étranger.

La viande de bœuf est cuite avec le bouillon dans de vastes chaudières; et c'est ce bouillon, dégraissé et évaporé qui fournit les extraits de viande aujourd'hui si communs dans le commerce. Quant à la viande épuisée, on l'additionne d'un peu de bouillon avec une décoction gélatineuse et c'est cet aliment sans grande valeur qui constitue trop souvent la *conserve de viande pour l'armée*.

Il n'est pas étonnant que, dans beaucoup de circonstances, les conserves de viande n'aient pas réussi auprès des soldats et qu'elles aient occasionné parfois un dégoût insurmontable.

J'ai eu l'occasion d'examiner un grand nombre de ces conserves de viande d'origine et de fabrication diverses.

J'en ai trouvé qui contenaient une énorme proportion de gélatine, d'autres dont les fibres muscu-

laires étaient complètement épuisés, d'autres enfin
dont le bouillon d'enrobage était fortement acide
avec un commencement de décomposition de la
viande.

La plupart des conserves qu'on a fait consommer
à l'armée, surtout en 1870-1871, et même depuis,
venaient d'Amérique et provenaient de bestiaux dont
la chair maigre et coriace est loin d'égaler la chair
de nos bœufs français.

Au temps du siège de Paris et au cours de la
campagne on préférait de beaucoup, et avec raison,
la viande fraiche de cheval à la conserve de viande
de bœuf. Il est pourtant possible d'obtenir des conserves de viande de bœuf ou de viandes quelconques
parfaitement conditionnées sous le rapport du bon
goût, de la valeur nutritive et de la longue conservation.

C'est ce que je me propose de démontrer plus
loin.

L'importance et la nécessité des conserves dans
les guerres futures sont reconnues par tous les
hommes de guerre. Le général Lewal, dans sa *Tac-
tique de marche*, fait ressortir souvent la nécessité
des conserves et des aliments à *préparation
rapide*.

Mais il est bon de citer ici un écrivain militaire de
haute compétence, le général *Von der Goltz*, en
prenant certain passage de son ouvrage *Das Volk
in Waffen :*

« Combien de fois, dit-il, ne donne-t-on pas
l'alarme, et l'ordre de se mettre en route juste au
moment où l'eau commence à bouillir dans les mar-

7

mites ? Il ne faut pas se mettre à cuire des vivres frais, si l'on n'est pas assuré de jouir d'un repos d'une certaine durée...

Les conserves sont donc d'un grand secours. Elles n'occupent que peu de place, pèsent moins que les vivres frais, si bien que le soldat peut emporter beaucoup plus de vivres sans être chargé davantage.

Une poignée de tablettes de café ou de légumes condensés, jetée dans le sac, ne l'alourdit guère, et elle peut à son heure fournir, pour un temps assez long, une boisson salutaire et un aliment réconfortant. Il ne faut pour cela qu'un peu d'eau : tout le reste s'y trouve. Quelques minutes suffisent à la cuisson, laquelle n'exige ni adresse, ni connaissances spéciales.

L'aliment reste propre, et ne se corrompt pas pendant les marches.

La viande en boîtes, le biscuit de farine et de viande hâchée, les tablettes de légumes conservés, etc., peuvent en outre contenir bien plus d'éléments nutritifs que les vivres frais.

Les conserves de toute sorte seront indispensables dans les guerres futures.

Elles permettent au soldat de vivre un certain nombre de jours avec ce qu'il a dans le sac, s'il ne trouve pas de vivres suffisants dans le pays.

Et ceci peut avoir une importance décisive à l'avenir, lors de la concentration rapide des grandes masses, ou dans des circonstances particulièrement difficiles, alors que l'ennemi est le maître de toutes les voies de communication, grâce à des forts de barrage, ou bien quand on fait une trouée dans une ligne de ces forts, pour livrer bataille, alors qu'on n'a pu se faire suivre des convois de vivres.

En de telles circonstances, des masses énormes, comme elles le sont maintenant, ne peuvent plus être nourries avec de la viande et du pain frais, mais avec des conserves quelconques, biscuit, pois ou café.

Pour les chevaux aussi, on emploiera avec succès les rations condensées; elles permettent à la cavalerie des entreprises hardies et de longue haleine.

On devra, à l'avenir, se servir le plus largement possible du précieux moyen que l'on a de pouvoir se passer de son train et de ses colonnes de vivres pour un temps relativement long: cela aussi constitue une supériorité sur l'ennemi.

Ces opinions, nettement formulées par l'écrivain allemand, méritent une considération absolue.

D'ailleurs, en 1870, l'administration militaire allemande expédia à l'armée d'occupation en France quarante millions de rations de conserves.

Ce qu'on appelle les *vivres de réserve* consiste dans les aliments ou vivres qu'on doit garder soigneusement et conserver disponibles pour le cas d'indispensable nécessité, alors que les vivres frais ne sont pas disponibles, soit qu'ils subissent dans leur transport des interruptions ou des retards, soit que des mouvements rapides et imprévus aient entrainé les troupes loin de l'itinéraire ou des dépôts de vivres frais. Autrement, c'est le régime ordinaire.

La consommation des vivres de réserve doit être

prescrite par le commandement, les chefs ayant d'ailleurs à compter sur ces vivres en vue de certaines opérations.

Mais trop souvent, dans la pratique, les hommes s'empressent de consommer prématurément ces vivres, afin d'alléger leur charge. C'est aux officiers de veiller sévèrement à ia conservation des vivres de réserve jusqu'à l'ordre de consommation.

On doit avoir les vivres de réserve sous la main pendant les opérations, les tenir toujours au complet et pouvoir y compter sûrement quand les procédés ordinaires d'alimentation font défaut.

Le général Bronsart de Schellendorf a pu dire, non sans quelque raison, que l'idéal serait de ne jamais toucher aux vivres de réserve, sauf pour les remplacer par d'autres plus frais.

Par tout ce qui vient d'être dit, on voit quel est le rôle des vivres de réserve dans les armées en campagne, et quelle est leur véritable signification.

Ces sortes de vivres comprennent tous les aliments possédant un pouvoir nutritif sous un volume ou poids minimum, avec une longue consommation assurée, une grande facilité de préparation ou même l'ingestion possible sans préparation; en outre, leur prix de revient doit être modéré.

Parmi les vivres de réserve, on peut citer : le biscuit, le pain de guerre ou bispain, la viande fumée ou salée, le saucisson au pois, le chocolat, les tablettes de soupe ou de bouillon, les conserves de viandes et de légumes de toute sorte, le biscuit-viande, la poudre de viande et tous les produits analogues.

Il faut considérer surtout le pain de guerre (dont il est question ailleurs) et les conserves de viande.

En général, la viande de conserve est renfermée dans une boîte de fer-blanc étamé, laquelle doit contenir exactement 1 kilogramme de viande désossée et cuite, y compris un peu de bouillon gélatineux. La boîte métallique seule pèse environ 230 grammes, de sorte que le poids total de la boîte de conserve est d'environ 1.230 grammes. Chaque boîte, comportant cinq rations pour cinq hommes, c'est 200 grammes de viande cuite et sans os pour un homme.

Si la viande était de goût agréable et de qualité normale, cette ration serait avantageuse, car les 200 grammes de viande cuite équivalent à 440 grammes de viande fraiche.

La nécessité de l'emploi de cette boîte lourde, coûteuse et encombrante constitue, de l'avis général, un grand inconvénient : c'est un pis-aller, en attendant mieux.

Le Ministère de la guerre, en France, vient de se décider à confier une grande partie des fournitures de conserves de viande à l'industrie française.

Il faut s'attendre à de notables améliorations et perfectionnements pour ces conserves.

Jusqu'ici, le Gouvernement français a fait ses achats de conserves de viande au Texas, à Chicago, au Canada, à la Plata et en Australie. Ces pays peuvent fournir la viande à plus bas prix que les producteurs français; mais en temps de guerre, il est indispensable de pouvoir compter sur la fabrication française, même si les prix devaient être plus élevés.

Il y a d'ailleurs en Allemagne, en Russie et en Italie de vastes établissements dépendant de l'administration militaire pour la fabrication des conserves de toute sorte, y compris les conserves de viande.

Ainsi la grande manufacture de Mayence peut fournir journellement :

> 62.500 rations de biscuit;
> 160.000 rations de farine étuvée et comprimée;
> 500.000 rations de conserve de café;
> 62.500 rations de conserve de viande en boîte;
> 83.500 rations de soupe-légumes.

Il est à désirer que des usines pour la fabrication des conserves de viande soient installées en France, de façon à pouvoir fournir à la consommation des conserves surtout en temps de guerre.

Le Ministre de la Guerre a promis tout récemment, lors de la discussion du budget de la guerre, que des usines françaises fourniraient désormais tout au moins une partie des conserves de viande destinées à l'armée.

Il est inadmissible d'ailleurs qu'on puisse être tributaire de l'étranger pour les fournitures quelconques intéressant l'armement national.

La viande des bœufs français fournira pour ces conserves un produit bien supérieur à celui du bétail américain ou australien. Et si ces conserves reviennent à un peu plus cher que les conserves exotiques, il y aura du moins deux grands avantages à ce système : la qualité de la viande et la sécurité des fournitures en cas de guerre.

Ces deux avantages compensent largement la légère différence de prix.

Les boites de conserves de viande d'Amérique et d'Australie, celles consommées par le soldat en France, laissaient trop souvent à désirer au point de vue de la qualité, de la valeur alimentaire. Les conserves réputées les meilleures ont toujours présenté à l'aspect et au goût l'équivalence du bœuf bouilli, viande insipide et désagrégée par son mode de préparation et de cuisson.

CONSERVES DE VIANDE (PROCÉDÉ SERRANT)

Au lieu des différents systèmes Appert, Fastier et autres, je préconise un procédé qui a l'avantage de fournir une viande agréable, sapide et d'une valeur alimentaire incomparable; en outre, la boite de conserve comporte un bouillon concentré qui enrobe la viande, lequel bouillon concentré peut fournir un excellent potage par la simple addition d'eau bouillante ou même suffisamment chaude.

J'ai dit que la viande de bœuf (ou une viande quelconque) cuite à l'eau par une macération et ébullition prolongée, se trouve dépouillée de ses principes solubles et salins et réduite à l'état de fibres insipides, filandreuses et indigestes.

Même par une courte cuisson ou un passage rapide dans l'eau bouillante ou même encore par des cuissons à l'étuvée, la viande perd son bon goût et sa digestibilité.

Il y a là une modification moléculaire dont il faut tenir compte.

La meilleure manière, et d'ailleurs la seule rationnelle pour cuire et accommoder la viande, c'est le grillage ou le rôtissage. Et ce mode de coction doit s'observer également pour les conserves.

Il s'agit essentiellement de conserver à la viande tous ses principes, et tout à la fois son agréable saveur et son entière valeur nutritive sous la forme de conserves.

A cet effet, voici comment je procède :

La viande, choisie fraîche et de bonne qualité, est d'abord débarrassée des tendons et des aponévroses et entièrement désossée ; on enlève aussi les parties grasses en excès, de façon à obtenir surtout la chair musculaire.

Tous les bas morceaux sont exclus de la fabrication des conserves.

On divise alors cette viande en morceaux sous forme de tranches plates analogues au bifteck, puis on fait cuire cette viande au four ou dans un récipient quelconque soumis à l'action sèche de la vapeur surchauffée, de façon à obtenir le *rôtissage* de la viande et sa cuisson complète jusqu'au centre des morceaux.

Pour cuire les morceaux de viande dans les fours ou dans les récipients chauffés à la vapeur, on les dispose dans des plats de fer battu où on peut les retourner pour obtenir la cuisson complète, et les assaisonner au *sel* et au *poivre*. Il se forme une sauce provenant de la fusion des parties graisseuses et de l'écoulement d'un peu de jus des parties musculaires.

Quand la viande est suffisamment cuite, on introduit les morceaux dans la boîte de fer-blanc et on
y ajoute la sauce obtenue de la cuisson de la
viande.

Mais comme cette sauce ne suffirait pas à remplir
la boîte en comblant les interstices des morceaux
de viande, et que d'ailleurs on se propose d'avoir, en
même temps que la viande, un extrait de bouillon
capable de fournir une soupe avec de l'eau bouillante,
il s'agit d'obtenir à part ce bouillon concentré.

Pour cela on fait bouillir dans une chaudière, à
feu nu ou à la vapeur, les os broyés, des tendons et
certaines parties des bas morceaux, ceux de la tête,
du col et des jarrets ; l'ébullition doit être prolongée
au moins pendant quatre heures. Il faut aussi saler
légèrement le bouillon, auquel on pourrait ajouter
des légumes et condiments.

On passe ce bouillon, dont la consistance à froid
doit être gélatineuse ; et on en remplit les boîtes
pendant qu'il est chaud et fluide, ainsi qu'on le fait
pour les conserves de viande bouillie.

Quand le couvercle des boîtes est soudé, on soumet les boîtes en autoclave à une température de
110 degrés environ pendant une heure ou deux suivant la dimension des boîtes.

Le bouillon ajouté à la viande ne doit pas dépasser vingt pour cent de la masse dans la confection
des boîtes de conserves.

En opérant ainsi, pour avoir d'une part la viande
rôtie et d'autre part le bouillon concentré, on obtient une conserve parfaite à tous points de vue.

La viande de ces conserves peut se manger froide ;

c'est la meilleure façon de la consommer; elle est tendre et d'une saveur agréable, bien préférable à celle des viandes bouillies et épuisées.

En mangeant la viande froide, on peut réserver la sauce ou bouillon concentré pour faire de la soupe. Si l'on fait cuire des légumes à l'eau bouillante, il suffira d'ajouter le bouillon concentré pour obtenir avec le pain un potage succulent.

Mais le bouillon concentré de ces conserves est tel qu'on peut le consommer froid en même temps que la viande.

Je préconise *l'emploi du sel* dans la confection de ces conserves, quoique les règlements de l'administration militaire proscrivent le sel de la fabrication de ces sortes de vivres.

Proscrire le sel d'un aliment de réserve, d'un aliment à base de viande est une absurdité inqualifiable. Le sel n'est pas un condiment, un produit superflu ou de fantaisie, comme semble le supposer le règlement rédigé sur le service des subsistances.

Le sel est un aliment, et un aliment indispensable et de premier ordre. Le sel marin ou chlorure de sodium fait partie de tous les liquides de l'organisme humain où sa présence est nécessaire, où son rôle est des plus importants. L'absence ou la pénurie de sel dans l'alimentation produit de graves désordres et entraine fatalement la mort.

Les Romains privaient de sel les prisonniers qu'ils voulaient affaiblir. Certaines peuplades de l'Afrique sont d'une faiblesse physique lamentable et végétent dans une apathie misérable parce que le sel leur fait défaut le plus souvent.

Les soldats qui ont éprouvé la famine au siège de Metz sont tous d'accord pour déclarer que la privation du sel a été la plus pénible pour eux. On en a vu, à Metz, qui allaient chercher l'eau des fosses de tannerie où avaient macéré des peaux salées, afin d'y trouver ce sel que réclamait imperieusement et instinctivement leur organisme délabré.

Il ne faut donc pas proscrire le sel, surtout pour des conserves de viande!

Puisque les conserves font partie de ces vivres de réserve qui doivent être consommés dans les circonstances spéciales où la distribution des vivres ordinaires est difficile ou impossible, si les conserves sont salées convenablement, le soldat aura là tout au moins sa ration nécessaire de sel. La viande s'en ressentira pour la sapidité et la digestibilité.

On reconnaît qu'une boîte de conserve est bien confectionnée si elle présente une certaine dépression et comme une sorte d'écrasement; dans ce cas, sa bonne conservation est garantie.

Si, au contraire, la boîte est bombée et comme renflée, c'est qu'il y a un développement de gaz indiquant la détérioration de la conserve.

Quand les boîtes de fer-blanc sont solides, elles peuvent ne subir aucune dépression, malgré le parfait état de la conserve.

Quant à la forme des boîtes et à leur poids, c'est une affaire de règlement administratif.

Les boîtes de conserves de viande pour l'armée sont généralement d'un kilogramme pour cinq rations.

On ne peut faire figurer les *extraits de viande*

comme conserves rationnelles. Ces extraits de viande
ne contiennent que les sels de la viande et n'ont
aucune valeur alimentaire; leur emploi qui est dû à
la réclame des fabricants et à l'ignorance publique
devrait être interdit.

L'importance des vivres de réserve, biscuits ou
conserves de viande, s'est manifestée d'une façon
trop évidente durant le cours des diverses campagnes
faites par les troupes françaises.

Comme exemple, je citerai un seul cas, à propos
de la récente campagne du Dahomey, et je me con-
tente de reproduire textuellement les quelques lignes
suivantes extraites du journal le *Temps* en date du
18 décembre 1892 :

« Les soldats ont eu à souffrir du manque d'eau
potable, notamment devant Akpa où, pendant trois
mois, ils ont dû se désaltérer dans des flaques d'eau
bourbeuse, *n'ayant pour nourriture que des conserves et des biscuits.* »

Je pourrais citer une foule d'exemples analogues
empruntés à toutes les guerres et campagnes
depuis 1870.

Trop heureux encore si le soldat peut avoir ses
vivres de réserve !

III

CONSERVES SPÉCIALES

CONSERVES DE LÉGUMES, BISCUITS-VIANDE, SAUCISSE
AUX POIS OU ERBSWRUST,
SAUCISSON FRANÇAIS, TABLETTES DE CAFÉ

Je ne vois pas grand intérêt pour le soldat dans les conserves de légumes. Et même pour le marin, ces conserves n'ont plus l'importance d'autrefois, depuis que les voyages sont devenus plus courts et plus rapides.

Il est à considérer, d'ailleurs, que beaucoup de légumes des plus usités se conservent parfaitement à l'état naturel pendant un certain temps et suffisent pour les approvisionnements et les réserves.

Les conserves de *soupe-légumes* peuvent avoir cependant un certain intérêt, afin de permettre au soldat d'obtenir rapidement une soupe chaude, puisqu'en France on attache tant d'importance à la soupe. Au lieu de faire mijoter le pot-au-feu pendant quatre ou cinq heures, la ration de soupe-légumes permettra d'obtenir la soupe en moins d'une demi-heure. Et c'est-là une économie de temps qui a son importance à la guerre.

Les légumes desséchés et comprimés peuvent rendre service en temps de guerre, surtout dans les expéditions coloniales. Ces sortes de conserves ont été mises en faveur à l'époque de la guerre de Crimée.

On les prépare maintenant avec tant de perfec-
tion qu'après la cuisson il est difficile de les distinguer des légumes frais.

La conservation des légumes verts repose sur le
principe de la déshydratation. Lorsqu'on a enlevé
aux légumes toute leur eau de végétation, et qu'on
les a comprimés en blocs ou en tablettes, on obtient
sous un très faible volume une masse relativement
considérable de légumes, se conservant parfaitement
pendant plusieurs années et pouvant subir l'emmagasinage et tous les transports.

Quant aux conserves de légumes en boites, leur
prix de revient est trop cher pour qu'on puisse les
utiliser comme vivres de réserve. Le volume est
d'ailleurs trop considérable pour une valeur alimentaire très restreinte.

BISCUITS-VIANDE. — On a souvent présenté et
essayé des biscuits-viande pour l'armée ou la
marine : cette idée de biscuit-viande est absurde,
dès lors qu'on peut avoir le biscuit ou le pain d'un
côté et la viande d'autre part. La répugnance du
soldat à consommer du biscuit-viande s'explique
naturellement, en raison de la difficulté du contrôle
pour l'origine et la qualité de la viande. Du reste,
cette association du pain et de la viande sous forme
de biscuit donne un produit d'une conservation
difficile, et qui prend facilement un mauvais goût
sous les moindres influences.

Le biscuit-viande n'a aucune raison d'être, et c'est
d'ailleurs ce qu'on a compris après des expériences
absolument stériles.

Il sera toujours impossible de faire entendre au

soldat que la viande hachée ou pulvérisée, qui fait partie du biscuit, provient d'une viande de bœuf saine et de bonne qualité. Et d'ailleurs la conservation du biscuit-viande est presque impossible, les altérations de toute sorte, parfois dangereuses, survenant très rapidement.

ERBSWURST OU SAUCISSE AUX POIS DES ALLEMANDS. — Ce célèbre produit a une réputation bien surfaite. On a voulu avoir, en France, cette même saucisse à la viande et aux pois quand il était de mode d'admirer et d'adopter tout ce qui venait d'Allemagne.

Pendant la guerre de 1870, les Allemands consommaient, comme vivre de réserve, une saucisse aux pois, avec ou sans viande, dont les soldats s'accommodaient parfaitement. J'ai eu l'occasion, étant prisonnier des Allemands, de goûter très souvent au potage fourni par cette saucisse ; il était véritablement satisfaisant pour des hommes qui ont faim et qui n'ont rien autre chose de disponible. Mais ce n'était pas sans doute un potage comparable à celui de l'*ordinaire*.

Chez nous, après la guerre, le général de Cissey, convaincu suivant l'opinion générale que la soupe, l'inévitable soupe avait valu aux troupes françaises des mécomptes, des surprises et des désastres pendant la dernière guerre, voulut mettre à l'essai, comme élément de potage simple et rapide, une saucisse aux pois et à la viande du système allemand.

On fabriqua, avec les plus grands soins, cent mille saucisses sous la direction d'un pharmacien de l'armée. Comme matières premières, on employait du jambon de première qualité avec de la farine de pois, du saindoux et des épices.

Avec quelques rondelles de ce saucisson dans de l'eau bouillante, on avait un potage sain et nourrissant, en dix minutes.

Malgré l'avis favorable des gens les plus compétents, le nouveau produit fut accueilli avec méfiance par le soldat ; et redoutant de voir le potage-saucisse remplacer la soupe ordinaire, ils le déclarèrent absolument mauvais, surtout quand il fallait acheter les saucissons sur les ordinaires.

Plus tard, quand on distribua gratuitement la saucisse aux pois, les soldats la trouvèrent passable et même excellente.

Cependant, la saucisse aux pois *française*, quoique d'une fabrication soignée, rancissait et prenait un goût désagréable au bout de peu de temps. On a d'ailleurs renoncé à son usage, le produit ne plaisant pas au goût du soldat français.

A ce propos, il faut remarquer que le soldat allemand trouve naturel et admet que son chef décide de ce qu'il doit manger.

Chez nous, et j'en ai été témoin diverses fois, il arrive que l'on consulte le soldat sur des questions où il ne peut avoir aucune espèce de compétence, et que l'on applique le suffrage universel à des questions techniques qui peuvent à peine être résolues par les chefs.

Il serait trop long de citer ici certains exemples, mais ces faits n'en existent pas moins, au grand dommage des intérêts de l'armée.

La composition et la fabrication de l'*Erbswurst*

ont toujours été tenues secrètes par le gouvernement prussien qui faisait d'abord fabriquer le produit à Berlin.

On sait maintenant à quoi s'en tenir sur ce produit, dont l'analyse a montré la composition, et
indiqué la préparation.

L'inventeur de la saucisse aux pois, produit d'ailleurs intéressant, qui a rendu de grands services à
l'armée allemande en 1870, est M. Grünberg, qui
reçut de son gouvernement de riches gratifications
et eut à faire des fournitures qui l'ont rendu plusieurs fois millionnaire.

Ah! Monsieur Grünberg, il vaut mieux être inventeur en Allemagne qu'en France!...

La saucisse aux pois (appelons-la désormais ainsi)
est façonnée pour peser une livre et comporter trois
rations ou trois repas.

Il y a deux sortes de saucisses : première qualité
pour les officiers, et deuxième qualité pour les
soldats.

J'ai pu me procurer, en 1885, un certain nombre
de saucisses aux pois de première qualité, qui venaient de Mayence ; j'en ai fait plusieurs analyses,
et voici la moyenne des chiffres que je puis
établir :

SAUCISSE AUX POIS (1re QUALITÉ) POUR OFFICIERS

Matière albuminoïde	16,125 0/0
Matière amylacée	11,815
Graisse	30,200
Sels	14,150
Condiments et divers	*Mémoire.*

La saucisse aux pois pour les soldats est analogue

8

à celle-là, sauf qu'au lieu d'être entourée d'une feuille d'étain elle est enveloppée de papier parcheminé; en outre, on y voit les morceaux de viande et de lard grossièrement découpés.

Ce produit renferme en proportions assez convenables les trois sortes d'éléments : plastiques, respiratoires et minéraux qui forment l'aliment complet.

En faisant avec cette saucisse aux pois un potage auquel on ajoute du pain ou du bispain, on a un potage-purée d'assez bon goût, suffisamment relevé, grâce aux condiments et au sel, et dont la composition assure véritablement au consommateur un aliment complet, toutefois avec prédominance de l'élément respiratoire.

Mais cet excès de matière grasse n'est plus un défaut quand l'aliment est consommé par les temps froids rigoureux d'une campagne pénible. L'élément respiratoire ou calorifique, sous forme de graisse, intervient alors heureusement pour produire et entretenir la chaleur animale.

En temps normal, on peut trouver que la saucisse aux pois contient une trop forte proportion de graisse, ce qui est non seulement désagréable, mais indigeste et fatigant pour l'estomac.

De plus, en Allemagne comme en France, on se dégoûte assez promptement de la saucisse aux pois. Il faut donc la considérer comme un simple aliment de réserve ayant son utilité en temps de guerre.

Il est à remarquer pour cette saucisse aux pois allemande qu'elle.renferme une *forte proportion de sel marin* ou chlorure de sodium, principe minéral si nécessaire à la nutrition.

En France, au contraire, l'ignorance et la stupidité administratives ont fait supprimer le sel marin dans le biscuit et les conserves de viande, ces deux principaux aliments de réserve, comme si l'on avait eu l'intention secrète d'affaiblir et d'anémier le soldat français à la façon dont procédaient les Romains pour leurs prisonniers de guerre.

Les essais faits en France pour la fabrication, l'adoption et la consommation d'une saucisse aux pois et à la viande n'ont pas réussi. En voyant certaines formules employées pour le produit français, j'estime qu'il ne pouvait en être autrement.

Mais puisqu'on voulait absolument une saucisse ou un saucisson, je me demande pourquoi on n'a pas observé et suivi le goût français. Ce qui plait à un estomac allemand peut déplaire à un estomac français.

La saucisse aux pois, avec son énorme proportion de graisse ou saindoux, n'est pas facilement digestible par tous et en tous temps; elle répugne assurément au goût et au tempérament français.

N'avons nous pas vu, d'ailleurs, en 1870, les soldat allemands préférer de beaucoup leur pain noir et leur lourde bière au pain blanc et au vin de France!

SAUCISSON FRANÇAIS. — Le saucisson français, *entièrement composé de viande*, tel qu'il est connu sous différents noms en France, est assurément préférable à tous les points de vue, comme vivre de réserve, à la saucisse aux pois allemande.

Un saucisson de viande convenablement préparé, quand il a été salé, poivré, aromatisé et bien séché, a une conservation assurée d'au moins un an et même deux ans, si ce n'est plus.

Après 1870, le Ministre de la Guerre mettait au concours la fabrication d'une saucisse au pois (système allemand), au lieu de chercher simplement parmi les nombreux saucissons français, si justement populaires et d'ailleurs perfectibles, le produit qui s'imposait comme aliment de réserve.

La viande de bœuf, de porc, de cheval, d'âne et de mulet, de gibier quelconque, s'accommode très bien sous la forme de saucisson, en vue d'une longue conservation.

Le saucisson de viande plait à tout le monde en France, et on le voit figurer sur toutes les tables. Il fait partie des provisions de bouche emportées par les chasseurs, les voyageurs, tous ceux qui ont besoin d'avoir sous la main un aliment peu encombrant, agréable en même temps que très nutritif, et d'une conservation longue et assurée.

On peut facilement, avec un saucisson de deux cent cinquante grammes, représenter un kilogramme de viande fraiche, ce saucisson cuit et desséché pouvant être consommé avec du pain ou du bis-pain.

C'est donc bien là un type d'aliment de réserve, représentant la viande à son maximum de conden-sation et conditionnée pour une parfaite conser-vation, tout en évitant les frais considérables de la mise en boîte comme pour les conserves de viande ordinaire.

La conservation du saucisson de viande est due tout à la fois à la dessication, à la salaison, aux aromates et condiments.

Sa fabrication pourrait être perfectionnée en vue de l'employer comme vivre de réserve dans l'armée, notamment pour le prix de revient et le conditionnement; mais tel qu'il existe aujourd'hui dans le commerce, en France, c'est un produit très satisfaisant et qu'on a eu tort d'oublier ou de négliger comme aliment de réserve. Le simple et vulgaire saucisson de viande vaut mieux encore que toutes ces poudres de viande, véritables préparations pharmaceutiques qui ont été expérimentées dans tous les pays, d'ailleurs sans résultats appréciables, et qui ont le premier inconvénient de coûter très cher.

Le soldat, à tort ou à raison, aime à savoir ce qu'il mange; et comme il est déjà difficile à un praticien exercé de reconnaître à première vue la qualité et la valeur d'une poudre de viande, on peu t concevoir les falsifications qui auraient libre cours si ces poudres de viande étaient employées en grand pour l'alimentation de l'armée!

Leur goût est d'ailleurs désagréable, et la viande se trouve tellement dénaturée que cela ne ressemble plus à un aliment.

TABLETTES DE CAFÉ. — Le café que le soldat boit en campagne est généralement détestable, par la simple raison que les ustensiles pour faire un café passable n'existent pas ou se trouvent bientôt perdus. Le café, distribué vert et en grains, est mal grillé dans une vieille gamelle de rebut; il est écrasé insuffisamment avec une bouteille vide ou la crosse d'un fusil, et une mauvaise décoction fait perdre les trois quarts de la valeur du café.

Les tablettes de café, composées de café *finement pulvérisé* et de sucre comprimés, suivant le système usité aujourd'hui pour beaucoup de produits, sont appelées à rendre le plus grand service pour le remplacement du café ordinaire en campagne.

Avec ces tablettes, que l'on conserve enveloppées d'une feuille d'étain, on obtient en quelques minutes un excellent breuvage bien préférable à l'insuffisante décoction du café grossièrement moulu.

Tous ceux qui ont goûté au café oriental, au *café maure ou arabe*, tel qu'il est généralement usité en Algérie, ont pu apprécier son arome exquis et pénétrant, sa valeur alibile ou nutritive et ses propriétés toniques et stimulantes, bien supérieures à celles du café préparé suivant la méthode des pays du Nord.

Pour préparer la tasse de café *maure*, on introduit dans une bouilloire ou cafetière la dose convenable de café *finement* et *fraîchement* pulvérisé et on y ajoute aussitôt la proportion nécessaire d'eau bouillante. Au bout de quelques minutes, l'infusion étant terminée, et le dépôt s'étant formé, on décante avec précaution et on verse le liquide dans les tasses, sur les morceaux de sucre destinés à édulcorer l'infusion.

Ce breuvage est d'un arome parfait, d'un goût agréable et produit plus d'effet sur l'organisme qu'une dose triple ou quadruple de café ordinaire.

Ce qui fait l'avantage de ce système, c'est la pulvérisation très fine du café, de telle sorte que toutes les molécules se trouvent en contact intime avec l'eau bouillante pour lui céder les principes actifs et utiles du café.

Avec la grossière mouture du café, telle qu'on.la pratique habituellement, l'eau bouillante agissant par infusion, lixiviation ou décoction, prend tout au plus le quart des principes utiles du café.

Avec les tablettes comportant la poudre fine de café et le sucre, on aura le café maure ou arabe, en cassant les tablettes et versant sur les morceaux l'eau bouillante, puis agitant la masse et laissant déposer.

Le café, comme le thé, est un aliment de soutien et de résistance. Il a sur le moral un effet bienfaisant dont se ressent l'organisme physique; son importance et son utilité sont indiscutables dans l'alimentation du soldat.

Il est donc intéressant de voir à en tirer le meilleur parti, sans se préoccuper des légendes et des préjugés.

Pour avoir du café tout ce qu'il peut donner, il faut l'employer à l'état de poudre très fine suivant la méthode arabe; et en associant cette poudre au sucre, on assure sa conservation d'une façon parfaite, de telle sorte qu'on obtient le breuvage ou la liqueur café, aussi agréable et bienfaisante que possible, par la simple addition d'eau bouillante.

Ceci est à considérer en temps de guerre.

IV

CONSERVES ET PROVISIONS
POUR EXPÉDITIONS COLONIALES
SPÉCIMENS

On pourra se faire une idée de ce qui est nécessaire ou utile en campagne, comme approvisionnements, en voyant ce qui a été emporté par les Français pour l'expédition de Madagascar et par les Anglais pour une expédition au Soudan.

APPROVISIONNEMENTS FRANÇAIS. — Le 9 février 1894,
le paquebot *Notre-Dame-du-Salut* emportait pour
Madagascar des officiers et soldats, et une certaine
quantité de provisions, subsistances, vivres et matériel, dont voici l'énumération : 637 caisses de pain
de soupe, 313 caisses de conserves de viande,
79 caisses de julienne, 110 caisses de haricots,
80 caisses de sel, 67 barils de saindoux, 11 boucauts
de tabac, 150 colis de fours démontables, tentes, etc...,
680 sacs de riz, 130 sacs de café, 124 caisses de
sucre, 450 sacs de farine, 9 caisses de thé, 28 fûts de
rhum, 194 fûts de vin : soit 200 tonnes.

Le service des fourrages a embarqué 20.400 kilogrammes d'orge ; il y a eu pour le service du cam-
pement : 19 colis effets ou 1.155 kilogrammes ; pour
le service du génie : 37.918 kilogrammes ; pour l'artillerie : 103.123 kilogrammes ; pour le service de
santé : 283 kilogrammes ; pour le service du Trésor
et des postes : 30 colis ou 1.030 kilogrammes.

D'autre part : 209.983 kilogrammes de matériel, divisé en 1.373 colis pour la construction de l'appontement de Majunga; 6 canons et leurs affûts; 4.000 caisses de cartouches et 200 caisses d'obus.

Et encore 140 caisses de mélinite ou crésylite et 160 caisses de projectiles chargés.

Parmi les provisions de bouche, on peut noter : 150 barriques de vin d'équipage, 20 barriques pour les officiers; 225 bouteilles de cognac, 250 bouteilles de madère, 1.500 bouteilles de bière, 1.000 bouteilles de limonades, 300 caisses d'eaux minérales, 2.500 boîtes de conserves, 3.000 boîtes de viande conservée, 225 barils de farine, 40.000 kilogrammes de biscuits, 800 kilogrammes de café, 1.500 kilogrammes de sucre, 5.000 œufs, 900 volailles et lapins, 600 kilogrammes de fromage, des légumes, des pâtes alimentaires, 1.200 kilogrammes de viande abattue, 50 moutons et 7 bœufs vivants.

Le bateau chargera en outre les provisions suffisantes pour 700 hommes pendant trois mois.

D'autres vivres et provisions étaient transportés par ailleurs pour les 12.000 hommes de troupe.

APPROVISIONNEMENTS ANGLAIS. — Lorsque les Anglais firent la guerre au Soudan, il y a quelques années (1885), leur petite armée comprenait 5.000 hommes et fut approvisionnée des conserves, vivres et fantaisies comme suit : 1.033.600 rations de soupe; 1.639.000 livres de bœuf salé; 153.600 livres de viande fraîche conservée; 13.400 livres de mouton bouilli et 134.000 livres de lard; 168.000 livres de farine; 1.566.000 livres de biscuit ordinaire; 192.000 livres de biscuit supérieur.

9

Comme légumes : 134.000 livres de choux, carottes, etc., desséchés et comprimés ; 50.000 livres de pommes de terre, 32.000 livres de riz.

Comme assaisonnement : 52.000 livres de sel, 3.300 livres de poivre et 6.000 litres de vinaigre.

Puis : 52.000 livres de fromage, 13.600 livres de marmelade, 13.600 livres de confitures en gelée ; 32.000 livres de cacao au lait concentré, 28.000 litres de jus de citron, 32.000 livres de gruau. Et d'autre part : 79.000 livres de thé, 20.000 livres de café et 192.000 livres de sucre.

En outre : 42.000 livres de tabac et 153.000 boîtes d'allumettes.

Quant à la boisson : 1.000 bouteilles de vin de Tarragone, 1.000 bouteilles d'eau-de-vie, 120.000 lit. de rhum, 2.000 bouteilles d'ale ou bière forte, 2.000 bouteilles de stout et 1.000 bouteilles de Champagne. Enfin : 30.600 livres de savon jaune commun et 54.256 morceaux de savon fin.

On peut voir par ces énumérations de quoi doit se composer l'approvisionnement pour l'entrée d'une armée en campagne, et comme simple appréciation.

Il faut remarquer qu'en Angleterre et ailleurs l'alimentation pour les campagnes est établie et fixée suivant le climat du pays où les troupes doivent opérer, tandis que l'apathie et la routine de l'administration française fournissent les mêmes vivres pour les troupes allant à Terre-Neuve ou en Crimée et pour celles allant au Sénégal ou au Tonkin. La différence doit pourtant être considérée.

On s'épargnera ainsi bien des mécomptes et des inconvénients de toute sorte.

La mortalité des soldats français aux colonies a toujours présenté des chiffres effrayants, surtout par la faute de l'administration militaire française, apathique, routinière et ignorante, et ne tenant compte ni de la géographie, ni de l'hygiène, ni de l'influence des milieux.

Il y en aurait trop long à dire là-dessus : tout le monde d'ailleurs sait à quoi s'en tenir sur la question du *gouffre colonial*.

LES EXPLOSIFS DE GUERRE

I

MÉLINITE, CRÉSYLITE OU NITROCRÉSOLINE, NAFOLITE, EXPLOSIFS DIVERS

La science des matières explosives est une né-cessité capitale dans l'art de la guerre.

On a donné depuis vingt ans une vive impulsion à cette science spéciale des explosifs qui constitue la *balistique*; et aujourd'hui le nombre des explosifs est devenu considérable. Mais ces nombreuses com-binaisons peuvent se rattacher à un nombre res-treint de corps importants, à des *types*, ce qui rend leur étude plus simple et plus facile.

La science des explosifs, en dehors de la décou-verte de produits nouveaux, a su apporter des per-fectionnements considérables à certains explosifs violents, connus de vieille date, mais dont l'emploi était écarté pour certains usages, à cause de leur instabilité et de leurs divers inconvénients et dan-gers.

En transformant les conditions physiques de ces redoutables explosifs, on a pu assurer leur stabilité et les rendre sensibles seulement à un mode spé-cial d'amorçage tout en leur conservant leurs pro-priétés énergiques; on peut citer à cet égard: le coton-poudre comprimé humide et la dynamite-gomme.

Mais il est d'autres explosifs plus intéressants que ceux-là au point de vue des applications militaires ; ce sont les explosifs dits *aromatiques*, parce qu'ils proviennent des hydrocarbures non saturés ou *carbures de la série aromatique*. Exemple : les nitrobenzols, les phénols et crésols nitrés, les nitrotoluènes et nitronaphtaline, etc.

Enfin, il y a des matières nouvelles que je me propose de signaler comme pouvant constituer peut être les *explosifs de l'avenir*.

Les explosifs, ou matières explosives, sont des corps solides ou liquides (il y en a même de gazeux) qui, par l'inflammation ou sous l'influence du choc ou de l'échauffement, peuvent se transformer subitement en gaz. Ces gaz, éprouvant une force d'expansion et une température initiale considérables, se dilatent d'une façon subite et énergique, lançant, brisant et pulvérisant tout ce qui s'oppose à leur expansion et se trouve sous l'influence des ondes explosives.

En principe, l'énergie ou force explosive dépend du volume et de la température des gaz engendrés par l'explosion, et aussi de la rapidité de la gazéification complète de la matière explosive.

Pour citer des exemples :

La température des gaz de la poudre atteint 3300 degrés cent.;

— — de la nitroglycérine atteint 5200°;

La gazéification d'un kilogramme de poudre ordinaire se fait en $\frac{1}{100^e}$ de seconde;

Celle d'un kilogramme de dynamite en $\frac{1}{50000^e}$ de seconde.

La force explosive d'une substance se définit

ainsi : c'est la pression exercée sur l'unité de surface par les gaz provenant de l'unité de poids d'un explosif, détonant dans l'unité de volume.

Pour tous les explosifs, qu'il s'agisse de la poudre noire ordinaire, ou des poudres sans fumée, ou des carbures et phénols nitrés, etc., l'oxygène joue le rôle de *comburant*, tandis que les autres éléments jouent le rôle de *combustible*, les corps explosifs n'étant en réalité que l'association de corps comburants et de corps combustibles donnant lieu à des réactions et production de gaz et de chaleur sous l'influence de la détonation.

Pour toutes les explosions, il faut le *choc initial* nécessaire à la détonation, laquelle est une combustion rapide et en quelque sorte instantanée.

On peut distinguer deux sortes d'explosion :

1° L'explosion de premier ordre, ou véritable détonation provoquée par un agent détonant, tel que le fulminate de mercure ;

2e L'explosion de second ordre, ou explosion simple, produite par l'inflammation ordinaire de la substance explosive.

Les explosifs destinés aux armes doivent remplir certaines conditions particulières.

Pour les fusils et les canons, la poudre ou explosif ne doit agir ni trop vivement, ni trop lentement.

Par l'explosion trop vive, il peut y avoir une rupture des parois de l'arme; si l'explosion est trop lente, le projectile n'atteindra pas sa vitesse maximum.

On a perfectionné la poudre noire à canon pour en faire un produit granulé, aggloméré ou comprimé, qui remplace l'ancien pulvérin. Mais, malgré tous les perfectionnements, cette poudre noire conserve de graves défauts : effet corrosif et fumée épaisse, encrassement des armes, température très élevée de l'explosion, ce qui empêche la rapidité et la facilité des chargements, etc.

C'est pour cela qu'on fit des recherches en vue de substituer à la poudre noire, pour l'usage du fusil, les poudres *progressives* et *sans fumée*, qui sont en usage aujourd'hui presque partout. Il va en être question plus loin dans une notice spéciale.

Pour le chargement des obus, on avait jadis la poudre noire. Mais, de ce côté-là aussi, on a voulu obtenir des perfectionnements et substituer à la poudre vulgaire des explosifs plus puissants. Il y avait, toutefois, une condition difficile à remplir, c'est que le projectile, l'obus, ne pût éclater dans l'âme du canon, sous l'influence du choc de départ.

C'est ce qui est arrivé plusieurs fois dans des essais qui furent tentés pour l'application du fulmi-coton, de la dynamite et d'autres substances explosives au chargement des obus.

Tout le monde sait qu'en France, il y a quelques années, on substitua l'*acide picrique* à la poudre noire pour le chargement des obus, sur les indications de M. Turpin.

Le Ministère de la Guerre faisait un grand mystère de cette nouveauté : c'était un secret d'État !

Mais nous allons voir de quelle façon ce secret était connu et divulgué à l'étranger.

En 1890, longtemps avant le procès Turpin, *Sir Frederick Abel*, un des illustres savants de l'Angleterre, fit une conférence à l'*Association britannique pour l'avancement des Sciences*, conférence sur *les Explosifs modernes et la Balistique contemporaine*.

Je vais citer ici des passages très intéressants de sa conférence, faite devant un public de savants anglais et étrangers :

« Les conditions de la guerre, dit sir Abel, sont pro-
« fondément modifiées depuis trente ans, et la Science
« a pénétré dans toutes les branches des arts mili-
« taires ; mais, en somme, dans ces conflits entre
« deux nations également pourvues de toutes les
« applications scientifiques, la victoire dépendra
« toujours, comme autrefois, un peu du hasard, de
« la chance, d'une supériorité d'armement peut-
« être, mais surtout du talent militaire et du carac-
« tère des combattants....

« .... Il y a quatre ou cinq ans (c'était donc vers
« 1885-86), notre attention fut attirée par les effets
« merveilleux obtenus avec des obus chargés d'un
« explosif nouveau fabriqué par le Gouvernement
« français. Les résultats annoncés dépassaient toutes
« les espérances, aussi bien au point de vue des
« effets destructifs que de la vitesse imprimée aux
« éclats de l'obus. On affirmait d'ailleurs que la
« manipulation de la *mélinite* — c'était le nom donné
« à ce produit — ne présentait aucun danger, as-
« sertion bientôt démentie par *plusieurs accidents
« terribles* dus à l'explosion accidentelle d'obus
« chargés de mélinite....

« On apprit bientôt que de grandes acquisitions
« d'acide picrique étaient faites en Angleterre par
« ou pour le Gouvernement français.

« Ce produit, tiré de l'un des nombreux dérivés
« de la distillation de la houille, était alors fabriqué
« pour la teinture, et quoiqu'il n'ait été rangé que
« tout dernièrement parmi les corps explosifs,
« on savait depuis longtemps que, combiné aux
« métaux, il donnait des produits détonants avec
« plus ou moins de violence, dont quelques-uns
« mêmes avaient été essayés déjà comme succéda-
« nés possibles de la poudre de guerre....

« Une catastrophe survenue à Manchester, en 1887,
« attira l'attention publique sur les propriétés dé-
« tonantes de ce corps. Les *autorités françaises*
« paraissaient d'ailleurs s'en être préoccupées anté-
« rieurement et avaient *entamé une série d'essais*
« *pour son application au chargement des obus.*

« L'*acide picrique* est fabriqué aujourd'hui en
« grand *dans plusieurs usines anglaises,* qui en ont
« exporté des *quantités considérables* durant ces
« quatre dernières années *pour le Gouvernement*
« *français!*

« De grandes quantités de phénol étaient en même
« temps achetées en Angleterre par la France; ces
« acquisitions sont faites en vue d'alimenter les
« usines importantes qui ont été installées en
« France pour la fabrication de l'acide picrique,
« depuis que des expériences sérieuses ont montré
« que ce corps absolument stable, de fabrication et
« de transport faciles, donnait, dans des conditions
« convenables, des effets d'une rare violence.

« On ne connait pas encore la composition exacte
« de la mélinite tenue secrète par le Gouvernement
« français. On a assuré que c'était un mélange

« d'acide picrique et d'une substance lui communi-
« quant une grande puissance; mais les accidents
« auxquels a donné lieu la manipulation d'obus
« chargés de mélinite semblent démontrer qu'au
« point de vue de la sécurité elle est inférieure à
« celle de l'acide picrique simple.

« Ce n'est que dans une guerre future qu'on
« pourra déterminer d'une façon précise la valeur
« relative des explosifs brisants. »

Ces passages de la très remarquable conférence
faite par sir Abel à l'Association britannique dé-
montrent plusieurs choses très importantes dont
les Français feront bien de profiter.

On voit tout d'abord qu'en Angleterre et à
l'étranger le secret du ministère de la guerre concernant l'emploi de l'*acide picrique* pour le chargement des obus était connu dès l'origine.

Et comment pouvait-il en être autrement !

L'acide picrique ou acide trinitrophénique est la
produit de la nitration du phénol appelé aussi acide
phénique (et acide carbolique en Angleterre).

Ce phénol, matière première indispensable pour
l'acide picrique ou la mélinite, est un *produit exclusivement anglais*, qui ne se trouve et ne s'obtient en
quantités appréciables et pour les besoins d'applications importantes qu'avec les goudrons de certaines houilles anglaises. La France était et reste
toujours tributaire de l'Angleterre pour le phénol et
l'acide picrique, pour son explosif de guerre !

Le ministère de la guerre a eu aussi la singulière
idée de confier à M. Cornélius Herz et à ses amis la

fourniture d'une grande quantité de phénol pour les besoins de la fabrication de son acide picrique.

C'est ainsi qu'une commande de deux millions de kilogrammes de phénol à trois francs cinquante le kilogramme, soit pour sept millions de francs, fut accordée à MM. Redfern, Alexander et C°, 3 Great Winchester Street, à Londres, lesquels n'étaient ni marchands ni fabricants de phénol. Il y eut sur cette fourniture un bénéfice net de sept cent cinquante mille francs, MM. Redfern et C? n'ayant eu qu'à passer la commande à un fabricant de phénol, M. Blagden, en retenant ou se faisant escompter leur part de bénéfice d'accord avec M. Herz.

Puisque l'administration militaire française était obligée d'acheter son phénol en Angleterre, elle aurait dû tout au moins s'adresser directement aux fabricants de phénol sans passer par des intermédiaires coûteux et compromettants.

Sir Abel parle d'un mélange d'acide picrique et d'une *autre substance* qui a constitué la mélinite à un certain moment, et lui a valu d'ailleurs cette dénomination de *mélinite* (de *mellis*, miel).

Il est vrai, en effet, que dans les services spéciaux du ministère de la guerre on a eu la fâcheuse inspiration, au lieu de s'en tenir à l'acide picrique fondu, de faire un mélange pâteux ou mielleux d'acide picrique et de fulmi-coton ou coton-poudre dissous dans un liquide approprié tel que l'éther sulfurique alcoolisé ou l'acétone.

Il en résultait un mélange qui se coulait et se moulait parfaitement dans les obus et possédait une grande puissance explosive.

Mais ce mélange d'acide picrique et de fulmi-coton dissous subissait des modifications moléculaires qui rendaient le produit sensible au choc et très dangereux à manier.

On a dû y renoncer ; et je crois qu'un grand nombre d'obus, chargés de ce produit, offrent si peu de sécurité et sont d'un maniement si dangereux qu'on les a mis de côté sans plus oser y toucher : « On ne les maniera plus maintenant qu'en cas de guerre, disait un technicien du ministère de la guerre : au moins s'il y a des accidents on mettra cela sur le compte du feu de l'ennemi. »

Il est certain que si l'on avait prolongé les expériences avec de tels projectiles, on aurait eu des accidents véritablement démoralisants pour l'armée comme pour le public français.

Il faut donc s'en tenir, pour le chargement des obus, à l'acide picrique simple et aux autres produits analogues par lesquels on a remplacé avantageusement l'acide picrique, suivant des indications que j'ai données autrefois et que je dois reproduire ici.

Quant au fulmi-coton ou coton-poudre, son association à l'acide picrique ou tout autre produit analogue ne pouvait donner qu'un produit instable, sujet à des décompositions spontanées et sensible au moindre choc, par conséquent ne convenant pas du tout au chargement des projectiles.

La fabrication de l'acide picrique est très simple. Dans l'industrie, c'est une opération qui se fait en deux phases, de façon à éviter la violente réaction entre l'acide phénique et l'acide nitrique.

On commence d'abord par traiter le phénol cristallisé au moyen de l'acide sulfurique à 66° afin
d'obtenir la sulfoconjugaison du phénol, ce qui produit de l'acide sulfophénique. On traite ensuite par
l'acide azotique. L'opération a lieu suivant la formule :

$$(C^6H^4(SO^3H)OH + 3AzO^3H = C^6H^2(AzO^4)^3OH + SO^4H^2 + 2H^2O.$$

L'acide picrique est un corps solide qui se présente
sous la forme de petits cristaux de couleur jaune.
Son nom lui vient de sa saveur très amère (picros).
Il est très stable à la température ordinaire, peu soluble dans l'eau, soluble dans l'alcool et l'éther. Il
rougit la teinture de tournesol, possède un pouvoir
colorant très prononcé et teint la soie et la laine sans
mordant.

Avant d'en faire un explosif, on se servait depuis
longtemps de l'acide picrique, surtout à Lyon, pour
la teinture en jaune des soies.

(Pour toutes les propriétés et l'histoire chimique
de l'acide picrique et des corps analogues, je ren-
voie aux ouvrages spéciaux qui en traitent longue-
ment).

Les picrates alcalins étaient connus et employés
longtemps avant l'acide picrique comme explosifs ;
mais leur instabilité et leur sensibilité au choc les
ont fait écarter comme trop dangereux à manier et
donnant lieu à de fréquents accidents.

MÉLINITE (française) ou LYDDITE (anglais) de M. Turpin. — (Le commandant Gody, de l'artillerie belge,
professeur de chimie à l'École de guerre de Belgi-
que, fournit les renseignements suivants, page 374
de son *Traité des Explosifs*) :

« C'est l'explosif en usage en France et en Angleterre pour le chargement des obus. C'est de l'acide picrique fondu. La fusion s'opère à 122°,50 dans une marmite en fonte plongée dans un bain d'huile dont on vérifie la température au moyen d'un thermomètre. L'acide fondu est versé au moyen de louches dans l'obus chauffé. On se sert pour cela d'un entonnoir dont la queue forme un mandrin réservant l'emplacement de l'obturateur porte-amorce. Celui-ci consiste, en principe, en une capsule percutante qui, à l'arrivée du projectile dans l'obstacle à détruire, met le feu à un canal fusant lequel fait éclater au bout d'un certain temps une capsule au fulminate de mercure détonant au sein d'une masse d'acide picrique en poudre; celui-ci provoque à son tour la détonation de l'acide picrique fondu. C'est donc une fusée ralentie qui donne à l'obus le temps de pénétrer dans l'obstacle, puis d'y éclater. »

Ce n'est pas là une méthode industrielle et pratique de faire fondre l'acide picrique dans une marmite et au bain d'huile pour le remplissage des obus.

Il est certain aussi que la fusion de l'acide picrique dans des vases métalliques occasionne la formation de picrates dont la présence compromet la stabilité de l'acide picrique fondu.

Au commencement de son emploi, l'acide picrique coûtait cher; et même plus tard, c'était un produit de prix trop élevé pour un explosif à obus et absolument inabordable pour un explosif industriel.

Le phénol, pour la fabrication de l'acide picrique, a été payé par le gouvernement français au prix moyen de 3 francs à 3ᶠ,50 le kilogramme!

Il y avait en outre l'inconvénient très grave, le danger réel d'être obligé d'acheter le phénol exclusivement en Angleterre.

En octobre 1886, je signalai ce danger et ces inconvénients dans un mémoire au ministre de la guerre, et j'indiquai en même temps le moyen de nous passer du phénol anglais pour obtenir, avec d'autres matières premières coûtant beaucoup moins cher et existant en France, des explosifs valant la mélinite.

CRÉSYLITE OU NITROCRÉSOLINE.

Le phénol dont la nitration produit l'acide picrique n'existe qu'en proportion relativement faible dans les goudrons de houille qui le fournissent : c'est le phénol benzinique ou phénol ordinaire.

Mais il est un autre phénol, homologue du précédent, le phénol crésylique ou *crésol* (crésylol), qui est fourni en quantités beaucoup plus considérables par les goudrons. Et, comme depuis longtemps, on utilisait le phénol des goudrons, en laissant de côté le crésol, il était arrivé que ce crésol, resté sans emploi, formait des stocks immenses en Angleterre et en France. C'était un embarras. Alors que le phénol se vendait 300 à 350 francs les 100 kilogrammes, on avait le crésol à des prix variant de 15 à 25 francs les 100 kilogrammes.

On voit aussitôt l'avantage immense de l'emploi d'une matière première coûtant quinze à vingt fois moins cher que l'autre, pour donner des produits identiques, sinon préférables.

Le produit de nitration du crésol, chimiquement

dénommé acide trinitrocrésylique, et pratiquement appelé crésylite ou nitrocrésoline, est en effet identique à l'acide picrique, auquel il est parallèle comme structure moléculaire et aspect physique.

La crésylite (nitrocrésoline, ou acide trinitrocrésylique), se présente, comme l'acide picrique, sous l'aspect d'un corps solide jaune, cristallisé en aiguilles. Il est peu soluble dans l'eau, et soluble dans l'alcool et l'éther. On peut aussi l'appliquer à la teinture de la laine ou de la soie.

Il fond à 112° en une huile jaune, qui se solidifie par le refroidissement, ainsi que cela a lieu pour l'acide picrique. Sa formule est $C^7 H^3 (AzO^2)^3 O$.

Quant à sa puissance explosive et celle de ses composés, elle est analogue à celle de l'acide picrique et des picrates; elle semble même surpasser les effets des produits picriques.

La préparation de la crésylite, en partant du crésol, est analogue à celle de l'acide picrique dérivant du phénol.

Mais, tandis que le phénol est un corps solide cristallisé en aiguilles incolores, et fondant à 41°, le crésol est un corps liquide et incolore.

Le phénol distille de 183 à 190° quand on chauffe les goudrons de houille.

Le crésol distille de 200 à 210°.

Il est plus abondant que le phénol; et certains goudrons de houille, qui ne donnent pas 1 % de phénol, donnent 5 à 6 % de crésol.

On comprend aussitôt l'énorme avantage du crésol comme matière première pour un explosif.

Après avoir fait mes communications confiden-

10

tielles au Ministère de la guerre, en octobre 1886, à propos du crésol et de l'acide trinitrocrésylique, j'ai jugé utile, en décembre 1889, de prendre un brevet d'invention suivant le mémoire reproduit ci-dessous. On pourra remarquer que mes communications et mon brevet d'invention sont très antérieurs à la conférence de Sir Abel, où il est question de l'acide picrique et de la mélinite.

Brevet d'invention pour procédé de fabrication de la nitrocrésoline ou acide trinitrocrésylique (3 décembre 1889).

La présente demande de brevet a pour objet la fabrication et l'application, en des conditions particulières, de l'acide trinitrocrésylique ou nitrocrésoline, ce dernier nom trouvé et employé par moi pour désigner plus commodément le composé en question.

J'obtiens la nitrocrésoline par le procédé suivant :

Prenant le crésol brut ou produit liquide qui passe après le phénol vers 200° dans la distillation du goudron de houille, je le filtre au charbon afin d'enlever certaines matières colorantes ou goudronneuses qui pourraient nuire aux réactions ultérieures.

La formule chimique de ce crésol est C^7H^8O ; c'est un phénol monatomique dérivé de la benzine, de même que le phénol ordinaire dont il est l'homologue. Je traite ensuite le crésol par l'acide sulfurique, de façon à le sulfoconjuguer pour obtenir un acide oxycrésylsulfureux; à cet effet, je fais un mélange en parties convenables de crésol et d'acide sulfurique à 66 degrés, et je chauffe modérément au bain de sable ou au bain-marie jusqu'à parfaite combinaison ou sulfoconjugaison.

L'acide oxycrésylsulfureux, qui en résulte, est traité alors par du nitrate de soude ou de potasse en solution concentrée, de telle sorte que, par double décomposition, il y a formation d'acide trinitrocrésylique et de bisulfate de sodium ou de potassium.

Les quantités des diverses substances à employer sont facilement établies d'après les équivalents, et de façon à réaliser la formule $C^7 H^5 (Az O^2)^3 O$ qui est celle de l'acide trinitrocrésylique ou nitrocrésoline qu'on obtient de cette opération.

L'emploi du nitrate de soude ou de potasse, dans le traitement du crésol sulfoconjugué pour en obtenir la nitrification, a l'avantage de coûter moins cher et d'être plus commode que celui de l'acide azotique.

En outre, l'acide azotique qui se forme à l'état naissant par suite de la décomposition du nitrate agit uniquement comme nitrifiant et non comme oxydant. Les rendements en acide trinitrocrésylique sont plus considérables, et il n'y pas comme avec l'acide azotique des dégagements insalubres et dangereux.

Je ferai remarquer ici que j'emploie la nitrocrésoline ou acide trinitrocrésylique pour *toutes les applications où l'on fait servir l'acide picrique surtout comme explosif.*

Ma nitrocrésoline présente cet avantage particulier que le crésol qui en est la base coûte beaucoup moins cher que le phénol dont on obtient l'acide picrique.

J'emploie la nitrocrésoline sous différents états et en de variables mélanges ou combinaisons, comme matière explosive : *soit seule et isolément*, soit associée à des substances quelconques suivant le but déterminé, soit à l'état de trinitrocrésylates en combinaison avec la potasse ou l'ammoniaque, et faisant partie comme élément constituant des diverses formules ou compositions d'explosifs.

C'est ainsi que je l'ai employée avec un parfait succès

dans une série d'explosifs que j'ai dénommés *Fulgurites*, suivant une marque de fabrique déposée le vingt-huit octobre mil huit cent quatre vingt-sept.

En résumé, je revendique, conformément à la loi, par la présente demande de brevet, dans son ensemble et dans ses détails, la propriété du procédé nouveau et de mon invention destiné à obtenir la nitrocrésoline ou acide trinitrocrésylique, selon ce qui a été décrit dans ce mémoire, et de plus *ses applications comme explosif, soit pour remplacer l'acide picrique et les picrates*, soit pour former des combinaisons et mélanges explosifs quelconques, le tout suivant les conditions décrites et pour le but spécifié comme il a été dit ci-dessus.

Signé : ÉMILE SERRANT.

Mes indications sur l'acide trinitrocrésylique ou crésylite dans le mémoire confidentiel au ministre, puis dans le brevet d'invention, sont claires et précises. L'administration militaire a d'ailleurs profité de ces indications ; et il était vraiment grand temps de ne plus gaspiller, au bénéfice d'étrangers, les millions des contribuables français.

NAFOLITE

Mon mémoire comportait aussi une indication importante et très intéressante pour l'armement français : c'était l'emploi de la *naphtaline* comme matière première pour un explosif analogue à l'acide picrique et à l'acide trinitrocrésylique.

La naphtaline, quand on la soumet à la nitration par des procédés convenables, ainsi qu'on le fait pour le phénol et le crésol, fournit des dérivés nitrés

tels que l'acide trinitronaphtalique et l'acide tétrani-
tronaphtalique.

Pour plus de commodité, j'ai dénommé *nafolite*
le produit convenable pour usage d'explosif qui dérive
de la nitration de la naphtaline.

Cette matière première, la naphtaline, existe en
France d'une façon surabondante et comme produit
presque sans valeur marchande des houilles et
goudrons français.

Le crésol coûte beaucoup moins cher que le phénol
anglais à 300 francs les 100 kilogrammes ; mais la
naphtaline française coûte encore moins cher que
le crésol !

On a pu en avoir à 7 francs et même à 5 francs les
100 kilogrammes!

Et avec cette naphtaline, comme matière première, on peut obtenir des explosifs à obus valant
mélinite et crésylite.

La trinitrorésorcine et le dinitrobenzol sont aussi
à considérer pour le même usage.

L'administration militaire, en adoptant des matières
premières essentiellement françaises en vue des
explosifs de guerre, obtiendra tout d'abord deux résultats : le bon marché avec une économie considérable pour son budget, et de plus la sécurité qui
s'impose dans l'armement d'un pays.

J'affirme qu'en cas de guerre et pour des consom-
mations considérables d'explosifs à obus ou à torpilles, les dérivés nitrés de la naphtaline, les *nafo-
lites*, rendront d'incomparables services. Ce qu'il y
a d'inouï dans ces achats de phénol aux anglais,
c'est que le ministère de la guerre se mettait à la

merci d'étrangers, peut-être les ennemis du lende-
main, alors que la première République et Napo-
léon Ier faisaient appel à tous les concours, d'ailleurs
avec succès, pour soustraire la France au tribut de
l'étranger à propos de matières premières, celles surtout concernant l'armement.

Il est évident que le choix du phénol et de l'acide
picrique pour notre explosif de guerre, avec l'obli-
gation de se fournir seulement en Angleterre, constitue de la part des services compétents du ministère
de la guerre français un esprit d'imprévoyance et
d'ineptie, une insouciance et une ignorance qui fri-
sent la trahison.

Une des premières conditions dans l'armement
d'un peuple, c'est de n'être tributaire d'aucun pays
étranger pour les produits et les engins nécessaires
à son armement. C'est là un principe élémentaire
qu'on oublie trop souvent en France.

On peut donc, en l'état actuel des choses, compter
absolument sur les *explosifs provenant des hydrocarbures aromatiques et de leurs dérivés par substi-
tutions nitrées* pour le chargement des obus et des
torpilles, suivant ce qui a été dit plus haut. Dans le
choix et l'application d'un explosif il faut considérer
aussi son origine et les conditions économiques de
sa production, en dehors de sa valeur intrinsèque.

Coton-poudre. — On a fait jadis de nombreuses
expériences de toute sorte concernant l'emploi du
coton-poudre dans les fusils, les canons et les projectiles.

Le coton-poudre sec (ou fulmi-coton) avait une
action trop brisante et irrégulière. Sa sensibilité au

choc a donné lieu souvent à de graves accidents.
Les obus chargés au fulmi-coton sec éclatent le plus
souvent par le choc au départ, ce qui met aussitôt
le canon hors de service. On prétend que le fulmi-
coton humide à 25 pour cent résiste très bien au
choc de départ des projectiles : cette résistance s'explique parfaitement. Mais, comme l'humidité doit
nécessairement subir des variations dans un explosif qu'on peut garder longtemps en magasin, il est
préférable de considérer le fulmi-coton comme im-
propre au chargement des obus.

Il est certain d'ailleurs que le fulmi-coton ou coton-poudre subit, à la longue et sous diverses influences, des modifications moléculaires qui en font
un corps dangereux à manier ou donnant des mécomptes.

Dans le chargement des torpilles, le fulmi-coton
fournit un explosif énergique et suffisamment sûr.

Avec une charge de cinquante kilogrammes de
fulmi-coton comprimé, explosant sous l'eau au contact d'un navire de premier ordre, le bâtiment est
perdu.

Mais l'acide trinitrocrésylique fondu (ou crésylite,
nitrocrésoline) fournit un explosif de torpille absolument sûr et d'un effet considérable comme énergie et violence.

Les effets de la *nafolite* sont analogues.

Et ces explosifs ont encore le mérite du bon marché.

Malgré tous les avantages réels de ces explosifs, il faut prévoir une époque prochaine où d'autres
théories et d'autres principes viendront à prévaloir.

Il faudrait surtout arriver à se passer de la nitration pour les substances explosives, puisque cette
nitration est toujours coûteuse. Remplacer ou supprimer l'élément AzO^4 constituera un progrès immense, une transformation capitale en balistique.

Je crois pouvoir, après des travaux prolongés et
des expériences variées, obtenir de ce côté des résultats remarquables qui feront l'objet d'un exposé
spécial.

II

LES POUDRES SANS FUMÉE

C'est depuis quelques années seulement, qu'en France et dans différents pays, on a remplacé la poudre noire par la poudre sans fumée pour l'emploi dans les fusils et les canons.

Il existe en ce moment de très nombreuses combinaisons constituant des poudres sans fumée de toute sorte.

Leur existence est encore trop récente pour qu'on puisse déjà les apprécier et les classer suivant leur valeur réelle.

Les poudres sans fumée, quelle que soit leur composition ou formule, doivent remplir certaines conditions :

Fabrication et manipulation sans aucun danger, combustion sans déflagration à l'air libre, explosion seulement en espace clos, grande vitesse initiale au tir, pression modérée à l'intérieur de l'arme, propreté et non-encrassement du canon, fumée faible ou presque nulle, conservation assurée en magasin.

Telles sont les conditions que doit remplir une bonne poudre sans fumée.

Avec l'ancienne poudre noire, la fumée de l'explosion était due à la formation de corps solides.

Au moment de l'explosion, on peut considérer que tous les produits de la réaction sont à l'état gazeux ou en dissociation. Mais par suite de l'abaissement de température sous l'influence de la détente, du contact des parois de l'arme et de l'air extérieur, il se forme des corps solides extrèmement divisés qui s'échappent dans l'air sous une forme nuageuse plus ou moins opaque et dense.

S'il s'agit de poudre dont l'explosion n'abandonne pas de corps solides, mais de simples gaz non condensables à température et en des conditions normales ou ordinaires, ce sera une poudre dite *sans fumée.*

On ne peut dire cependant qu'une poudre soit absolument sans fumée, car les poudres sans fumée dégagent toutes des gaz incolores et de la vapeur d'eau.

Si le temps est humide, cette vapeur d'eau formera une sorte de brouillard ou de léger nuage, tandis qu'avec un temps sec et chaud, on ne verra rien ou presque rien, la vapeur d'eau disparaissant aussitôt dans l'atmosphère.

Cette fumée, presque nulle ou très légère, est donc subordonnée à l'état hygrométrique de l'air.

La poudre noire, composée de salpêtre ou azotate de potasse, soufre et charbon, en des proportions et suivant des formules variables, fournit à l'explosion des produits gazeux : azote, acide carbonique, oxyde de carbone, hydrogène sulfuré, oxygène, carbure d'hydrogène; et des résidus ou corps solides : soufre, carbone, salpêtre ou azotate de potasse, sulfate, carbonate, sulfure, hyposulfite et sulfocyanure de potassium.

Les réactions provenant de la combustion ou de l'explosion de la poudre noire ordinaire sont complexes; elles varient nécessairement d'ailleurs suivant la température et la pression.

Les poudres sans fumée produisent des réactions plus simples. Ces poudres ont pour base le coton-poudre pur ou le coton-poudre mélangé à la nitro-glycérine. La détonation de la nitroglycérine donne de l'acide carbonique, de l'eau, de l'azote et de l'oxygène suivant la formule :

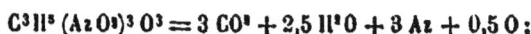

$$C^3 H^5 (Az O^2)^3 O^3 = 3 CO^2 + 2,5 H^2O + 3 Az + 0,5 O ;$$

le fulmi-coton donne :

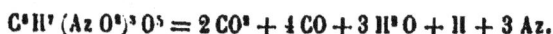

$$C^6 H^7 (Az O^2)^3 O^5 = 2 CO^2 + 4 CO + 3 H^2O + H + 3 Az.$$

On peut diviser les poudres sans fumée en trois classes :

1° Poudre contenant seulement du coton-poudre (ou du fulmi-coton) sous sa forme soluble ou sous sa forme insoluble ;

2° Poudres constituées par du fulmi-coton soluble ou insoluble mélangé à la nitroglycérine ;

3° Poudres contenant, outre le fulmi-coton, des dérivés nitrés de la série aromatique.

L'origine de la poudre sans fumée semble dater de 1882, alors que M. Walter Reid fit breveter un procédé pour nouvel explosif consistant à préparer des grains de fulmi-coton.

On plaçait dans un baril du fulmi-coton en poudre, qu'on arrosait d'eau pure tout en faisant tourner le baril autour de son axe pendant un temps déterminé.

Par ce mouvement, le fulmi-coton s'agglomérait en grains de variables grosseurs. Ces grains étaient séchés, puis on les humectait avec de l'éther alcoolisé pour gélatiniser et vernir leur surface à laquelle on donnait une coloration orangée par une petite addition d'aurine.

D'autres procédés analogues furent mis en usage quelque temps après par plusieurs inventeurs.

Le produit explosif Reid diffère très peu des poudres préparées actuellement au fulmi-coton pur. Mais, au moment ou M. Reid produisait sa poudre, il n'existait pas encore de fusils spéciaux pour ce genre de poudre explosive, dont la force dépasse considérablement celle des anciennes poudres.

En 1884, on voit l'apparition de la poudre sans fumée de M. Vieille, attaché à l'administration française des Poudres et Salpêtres.

Je me contenterai de rapporter, à propos de cette poudre, ce qui est relaté dans l'ouvrage du professeur Gody, édité à Namur, en 1893 :

« *Poudre Vieille.* — Elle est en usage dans l'armée française. Sa composition est tenue secrète. C'est vraisemblablement de la nitro-cellulose dissoute dans de l'éther acétique.

Elle se présente sous la forme de petits carrés plats, de couleur brunâtre, à odeur d'éther acétique ; elle ne remplit pas entièrement la douille de la cartouche. Les charges sont environ le tiers des charges anciennes. L'artillerie française emploie la même poudre, mais à grains plus gros. Poudre sans fumée BC. »

En 1889, Nobel fait breveter un produit dénommé *ballistite*, lequel a pour base la gélatine détonante.

Elle consiste en un mélange à parties égales de nitroglycérine et de coton-poudre avec addition de de 1 à 2 % d'aniline ou de diphénylamine. C'est cette poudre que l'on a adoptée en Italie et en Autriche avec quelques modifications. En Italie, cette poudre ou plutôt cet explosif porte le nom de *filite*, parce qu'on le façonne en corde ; et sous le nom de *cordite*, les anglais ont un explosif analogue, explosif sans fumée inventé par Sir Abel.

Le produit a l'aspect de brins de corde de violon.

On l'obtient en dissolvant du fulmi-coton fort dans de l'éther acétique ou de l'acétone; et à cette dissolution on ajoute des matières telles que les résines, la paraffine, l'huile, le graphite, etc., dans le but de modérer l'explosion, puis la nitroglycérine. L'explosif obtenu présente une consistance gélatineuse ; on le transforme en filaments de diamètres variables suivant le but proposé.

Poudre Abel (smokeless powder). — En 1886, Sir Fred. Abel prenait un brevet pour une poudre sans fumée, laquelle est un mélange de coton-poudre et d'azotate d'ammoniaque, pétri avec de l'huile de pétrole et moulé en blocs, prismes ou grains.

Poudre papier Weteren. — On l'obtient par la dissolution du fulmi-coton dans l'éther acétique ; elle est analogue à la poudre Vieille.

Poudre Wolf.— C'est du fulmi-coton en grains à la surface desquels on a formé un vernis protecteur au moyen de l'éther acétique.

Poudre sans fumée autrichienne. — Celle-ci consiste en fulmi-coton pur, grené et lissé au graphite.

Indurite. — Poudre sans fumée composée de nitrobenzine et de fulmi-coton insoluble.

Poudre Maxim. — Le fulmi-coton est soumis à l'action des vapeurs d'éther acétique. Lorsqu'il en est imprégné et suffisamment ramolli, on le comprime, on fait évaporer l'excès de dissolvant, puis on le façonne en grains ou poudre de la dimension voulue.

On pourrait citer par centaines les poudres sans fumée qui existent aujourd'hui et dont la valeur relative est encore difficile à établir, chacun tenant la sienne pour la meilleure.

Le public français s'est figuré pendant longtemps que la France était le seul pays à posséder une poudre sans fumée d'une valeur d'ailleurs incomparable.

C'est ce qu'on était porté à croire sur les affirmations de ministres de la guerre qui, chez nous, ont toujours une tendance à outrer l'optimisme quand ils sont à la tribune du Parlement.

En matière d'armement, il ne s'agit pas de belles paroles et de déclamations charlatanesques, mais de choses et de faits précis et positifs.

Le fulmi-coton (ou nitrocellulose, coton-poudre), est la meilleure base pour ces sortes d'explosifs sans fumée. Il a l'avantage de pouvoir être dissous facilement dans un grand nombre de dissolvants, il est facile à mélanger intimement avec des produits dissous solides ou pulvérisés ; et après évaporation du dissolvant, la masse peut être façonnée en grains, filaments ou cubes de la manière la plus simple, sans danger et avec des moyens mécaniques avantageux.

Parmi les dissolvants du fulmi-coton, il convient de citer : l'éther sulfurique avec l'alcool éthylique ou méthylique, l'éther acétique, l'acétate d'amyle, l'acétone, l'acide acétique cristallisable, la benzine et la nitrobenzine pures, les hydrocarbures de la série aromatique, etc...

Ainsi nous voyons comme bases des *poudres sans fumée* la nitroglycérine et surtout le fulmi-coton. Ils ont l'avantage de laisser peu de résidu, de ne produire qu'une faible fumée, parfois nulle, et d'imprimer une grande vitesse initiale aux projectiles.

Leur défaut capital, qui les empêcherait d'être employés pour le fusil, c'est leur pression subite et considérable, leur pouvoir brisant. Mais on remédie à ce grave défaut en ajoutant soit à la nitroglycérine, soit au fulmi-coton, certaines substances dites *ralentissantes* qui ont pour effet de ralentir l'explosion et de permettre l'emploi normal de ces explosifs.

Par le moyen de la dissolution du fulmi-coton dans des liquides appropriés et avec l'addition de substances spéciales, on peut arriver à une variété infinie de poudres sans fumée, dont la base sera d'ailleurs le fulmi-coton avec des additions ou des combinaisons de toute sorte.

Ces poudres sans fumée, en réalité, reviennent à un prix élevé.

On peut aussi obtenir des poudres sans fumée de bonne qualité et remplissant toutes les conditions qu'on exige de ces sortes de produits, en prenant pour base ou matière première l'azotate d'ammoniaque et le trinitrocrésylate d'ammoniaque avec addition de substances appropriées pour obtenir la modération de pression dans l'explosion et la parfaite conservation du produit explosif.

Les explosifs à base de fulmi-coton sont d'une constitution assez délicate, exigeant la pureté des produits employés à leur fabrication et en outre leur

conservation soigneuse dans des conditions normales.

Le manque de soins et de surveillance dans la
fabrication et la conservation de l'explosif ferait en-
courir les risques de décomposition spontanée.

Les poudres à base d'azotate d'ammoniaque ou de
trinitrocrésylate d'ammoniaque et autres produits
analogues sont plus stables, d'une conservation
beaucoup plus facile et coûtent moins cher.

Les résultats avantageux de toute sorte qu'on a
obtenus de l'emploi des poudres sans fumée ont
déterminé leur adoption universelle. Comme premiers avantages sur la poudre noire, elles ont
donné : la possibilité d'emploi des armes de petit
calibre, la plus grande vitesse du projectile, la plus
large distribution de cartouches au soldat en campagne. La poudre sans fumée BF, à la charge de
2 grammes 70, imprime à la balle du poids de
16 grammes une vitesse de 620 mètres à la seconde
dans un fusil du calibre de 8 millimètres.

D'après cet examen sommaire des diverses poudres sans fumée, dont l'existence ne date que de
quelques années, on peut être certain, et il vaut
mieux le dire ici, que la *poudre sans fumée parfaite* ou *poudre idéale* est encore à trouver.

Je reproduis ici, à titre de curiosité, un passage
extrait d'un article publié par M. *Oscar Guttmann*
dans *The Journal of the Society of Chemical
Industry*, Mai 1894 :

« Tout le monde se souvient du bruit que firent,
en 1888, les rapports de certains journaux, au sujet
d'une invention due à un chimiste du gouverne-

ment français : il s'agissait d'une poudre nouvelle, brûlant sans dégager de fumée. *Quelques mois après le gouvernement allemand était en possession d'une poudre analogue.* On a su depuis que les premières expériences relatives à la découverte des poudres sans fumée ont été faites, en 1884, par un Français, M. Vieille. En quoi consistait cette poudre au début de son apparition, nous ne saurions le dire exactement. Il est néanmoins probable qu'elle consistait en un mélange de collodion et d'acide picrique. Ce mélange, comme on le sait, est la base même de la *mélinite.* Il semble cependant avoir été abandonné après quelques essais, pour faire place à la nouvelle poudre sans fumée dont l'usage s'est répandu dans tous les pays. »

La poudre sans fumée a détrôné définitivement aujourd'hui la poudre noire pour le tir des armes à feu; cette dernière subsistera toutefois pour de nombreux et utiles emplois.

Avec les progrès et les perfectionnements qui s'imposent dans l'art de la guerre comme dans l'industrie, peut être verra t-on bientôt quelque nouvel explosif remplacer avantageusement la poudre sans fumée.

III

EXPLOSIFS A GAZ

FULGURITE

On peut réduire le volume d'un gaz d'une façon considérable, outre que certains gaz peuvent être liquéfiés et solidifiés.

Mais la simple réduction de volume d'un gaz au moyen de compressions rationnelles est très intéressante à certains points de vue.

Ainsi, un gaz peut être réduit à 1/1200° de son volume, de telle sorte qu'un récipient convenable de la contenance d'un demi-litre renfermerait *six cents* litres de gaz.

Or, un kilogramme de poudre à canon ordinaire fournit *255* litres de gaz à 0° sous la pression de 0,76. Il faut ajouter que dans l'explosion, le volume est beaucoup plus considérable en raison de la chaleur développée.

On comprime facilement dans des cartouches spéciales ou tubes métalliques l'oxygène pur sous pression de 120 atmosphères, de telle sorte qu'un récipient de dimension relativement restreinte peut contenir 200, 500 et même 2,500 litres de gaz oxygène ou d'un autre gaz.

Cette faculté des gaz de se réduire en très petit volume sous l'influence de compressions énergiques et méthodiques, et même leur propriété de se liquéfier en certaines conditions fournissent des indications évidentes au point de vue de la balistique.

Tout le monde sait que le mélange de certains gaz, par la combinaison instantanée ou l'inflammation de ces gaz, donne lieu à des explosions plus ou moins violentes.

Le mélange d'hydrogène et d'oxygène qui donne naissance à l'eau s'enflamme à une température peu élevée et donne lieu à une détonation.

Le mélange d'oxygène et de protocarbure d'hydrogène s'enflamme aussi à une faible température et détone avec violence suivant les proportions du mélange.

On obtient la plus forte détonation par le mélange contenant un volume de protocarbure d'hydrogène et un volume et demi d'oxygène.

Mes recherches et expériences sur l'emploi et l'application de certains gaz, l'un combustible et l'autre comburant, en vue de les faire servir, dans des conditions spéciales et déterminées, comme éléments de balistique et agents explosifs, me paraissent devoir donner de grands résultats pratiques.

Certains gaz, associés dans des proportions convenables pour constituer les deux éléments *comburant* et *combustible*, puis concentrés, condensés au degré convenable et renfermés dans des récipients appropriés fourniront, à bon compte, des explosifs de haute valeur.

En faisant détoner ces mélanges gazeux ou ces gaz liquéfiés, l'explosion donne lieu au développement d'un volume considérable de produits gazeux avec température très élevée et pression énorme.

La détonation des mélanges gazeux, comburant

et combustible, a lieu sous l'influence de l'étincelle électrique ou d'un détonateur à base de fulminate de mercure.

La nature des mélanges de ces gaz, ou fortement comprimés ou liquéfiés, peut varier considérablement à l'égard du combustible; mais le comburant par excellence sera toujours l'oxygène qu'on extrait aujourd'hui à bon compte de l'air atmosphérique.

Comme gaz combustible on peut choisir depuis l'hydrogène jusqu'au gaz de l'éclairage et au gaz d'eau, ce dernier revenant à quelques centimes le mètre cube.

On apprécie la force d'une matière explosive en considérant: 1° la nature ou composition chimique de cette matière explosive; 2° la nature ou composition des produits fournis par l'explosion; 3° la somme ou quantité de chaleur dégagée dans la réaction; 4° le volume des gaz formés par l'explosion.

En appliquant ces considérations au système du mélange des gaz explosibles, comburant et combustible, on voit facilement tout le parti qu'on peut tirer de ces sortes d'explosifs.

Par la compression des gaz en récipients clos, on détermine une pression considérable sur les parois du récipient, pression dont les effets viennent s'ajouter à ceux de l'explosion.

Il est arrivé parfois que des récipients en fonte ou en fer forgé, renfermant un gaz comprimé, par exemple l'acide carbonique comprimé jusqu'à la liquéfaction, ont fait explosion d'une façon accidentelle.

De telles explosions sont comparables, par leurs effets, à ceux d'un obus chargé de poudre noire ; et pourtant cette explosion, avec rupture des parois du récipient et projection des morceaux en tous sens, n'est due qu'à la simple pression des gaz, à leur seule force élastique.

L'effet est autrement considérable quand l'explosion se produit entre des corps gazeux comburants et combustibles, comprimés très fortement ou à leur dernière limite et détonant d'une façon complète avec la chaleur développée par la réaction chimique.

L'explosion en de telles conditions produit : 1° des réactions et combinaisons chimiques avec développement de chaleur ; 2° une amplitude ou augmentation considérable du volume des nouveaux gaz ou vapeurs formés ; 3° en conséquence de ces phénomènes une force explosive ou propulsive très énergique en raison de l'énorme pression.

Il est évident que, dans ces mélanges de gaz, les proportions peuvent varier suivant les effets à obtenir, de façon que la combustion soit plus ou moins complète.

Ces explosifs à gaz comprimés, condensés ou liquéfiés, comburants et combustibles, ne produisent ni gaz délétères, ni fumée, ni encrassement. Leur prix de revient et leur bon marché, en même temps que la commodité de leur emploi dans des récipients appropriés, constituent un progrès réel, un avantage incontestable sur les autres explosifs.

Avec ces sortes d'explosifs à gaz, la sécurité est parfaite à tous points de vue ; il n'y a à craindre ni le choc, ni les transports, ni les modifications moléculaires, ni les changements de température ou les causes accidentelles d'altération ou d'explosion, comme pour les autres produits employés comme explosifs.

Un simple mélange de gaz possède une stabilité nécessairement supérieure à celle d'un explosif chimique, celui-ci étant d'ailleurs justement considéré comme un agglomérat de molécules associées dans un état d'équilibre instable.

Et c'est surtout à propos de ces gaz explosibles condensés à leur maximum, que l'on peut dire qu'ils représentent en quelque sorte de l'énergie condensée à un degré très élevé, un labeur considérable en réserve.

La force élastique du gaz acide carbonique a été utilisée d'une façon spéciale, comme force propulsive, dans le *fusil Giffard*, dont il fut beaucoup question il y a quelques années.

L'acide carbonique liquéfié est emmagasiné dans un récipient cylindrique en fer forgé, et il agit sur la balle de plomb comme force propulsive par sa simple élasticité par son passage de l'état liquide à l'état gazeux, cette détente se produisant à *basse température*. C'est à peu près la force propulsive de l'air fortement comprimé.

Et comme il n'y a là ni les réactions chimiques avec développement de chaleur, ni l'augmentation de volume, provenant des réactions et de la chaleur, la force propulsive est beaucoup moindre et la portée d'un tel fusil est relativement faible. Aussi ne peut-il avoir d'application pratique.

Si, au lieu de l'acide carbonique agissant à froid,

on a un certain volume gazeux faisant explosion dans le tonnerre ou chambre du fusil, il se produit alors les réactions et combinaisons chimiques avec développement de chaleur, par conséquent l'amplitude ou augmentation considérable du volume des nouveaux gaz ou vapeurs formés, et enfin comme résultat de ces phénomènes, la force explosive ou force propulsive très énergique par suite de la pression considérable. En ces conditions, la balle est lancée avec force et grande vitesse initiale, comme par l'explosion de la meilleure poudre sans fumée.

Tel est le principe du véritable fusil à gaz, lequel a pour premiers avantages ceux de la poudre sans fumée, avec suppression de la cartouche toujours très coûteuse, et un prix de revient si faible que trois cents charges ou coups paraissent devoir ne pas dépasser le prix de cinquante centimes.

L'explosion du mélange gazeux a lieu sous l'influence de l'étincelle électrique ou de la capsule au fulminate de mercure; mais l'étincelle entre deux électrodes est préférable.

La simplicité du système, avec sa commodité et son bon marché, ressort d'une façon évidente.

L'explosif ne comporte plus le fameux radical AzO^3, ce qui est tout au moins pour l'instant une nouveauté avec de réels avantages.

IV

CARTOUCHES

C'est surtout pour des considérations rétrospectives, et en vue de signaler certains errements à éviter désormais, que je désire aborder ici la question des cartouches.

En 1873 et 1874, le ministère de la guerre adopta la cartouche métallique en laiton pour le fusil de guerre.

C'était là une faute très grave, alors surtout qu'il s'agissait d'en fabriquer des quantités considérables pour d'importantes réserves qui devaient durer longtemps.

Le laiton ou cuivre jaune est un alliage de cuivre et de zinc facilement attaquable sous certaines influences ou réactions chimiques.

Sous l'Empire et avant la guerre de 1870, on avait essayé de faire accepter la cartouche de laiton, mais sans succès, les terribles inconvénients du système s'étant manifestés clairement, ainsi qu'il résulte de pièces datant de cette époque.

Ainsi le capitaine d'artillerie Michel Roux publiait, à la date du 28 février 1869, une savante étude où on peut lire ce qui suit :

« Avec les cartouches métalliques, il serait impossible de pouvoir fabriquer de grands approvisionnements d'avance, et de les garder pendant plusieurs années parce que, dans les cartouches métalliques, des actions chimiques agissent pour détruire l'enveloppe... »

M. Thiers et le général de Cissey s'étaient toujours

opposés à l'adoption de la cartouche métallique, sachant à quels inconvénients et à quels dangers on exposait l'armement.

C'est à l'avénement du maréchal de Mac-Mahon comme président, le général du Barrail étant ministre de la guerre (mai 1873), que M. Gévelot, député, et son groupe firent adopter la cartouche en laiton. Et treize ans après les publications faites par le capitaine Roux et d'autres, treize ans après que cette cartouche avait été rejetée officiellement à la suite d'études et d'expériences sérieuses, on pouvait lire dans le journal *le Temps* du 12 avril 1882 :

« L'expérience a fait reconnaitre que les cartouches métalliques se détériorent après un certain nombre d'années.., »

Mais dans l'intervalle, de 1873 à 1882, on avait fabriqué l'approvisionnement de cartouches métalliques pour trois millions de fusil, à raison de mille cartouches par fusil, soit *trois milliards de cartouches*. Ce fut une dépense de *trois cent cinquante millions de francs* pour des cartouches qui ne pouvaient se conserver pendant plusieurs années et qui, au bout de cinq ou six ans, se trouvaient avariées et exposaient le soldat, en cas de guerre, au plus terrible des mécomptes.

La douille vide de la cartouche en laiton présentée par le groupe Gévelot pesait 14 grammes.

Pour les trois milliards de cartouches, et en tenant compte des déchets, il fallait environ 65 millions de kilogrammes de cuivre jaune laminé ou laiton contenant 70 pour cent de cuivre et 30 pour cent de zinc.

C'était là une dépense énorme, qui aurait dû faire considérer et étudier sérieusement cette innovation avant de l'adopter, et qu'on aurait d'ailleurs certainement rejetée comme autrefois, s'il n'y avait pas eu en jeu ces influences politiques qui, si souvent, ont fait sacrifier à des intérêts particuliers l'intérêt sacré de l'armée et du pays.

Quand on s'aperçut d'une façon trop évidente de l'altération des cartouches, on chercha à y remédier en essayant le vernissage; mais le vernissage était insuffisant, réussissait mal et avait ses inconvénients. On essaya encore d'autres moyens; toujours vainement! En juillet 1882, un général d'infanterie écrivait à propos de ces cartouches:

« Je me suis demandé quelles puissantes raisons avaient pu faire préférer la cartouche métallique qui s'oxyde et qui a donné ce résultat monstrueux d'une perte de portée de 75 mètres à une distance de 500 mètres, fait que j'ai malheureusement constaté au tir à la cible des régiments de ma brigade...»

La poudre F pour le fusil Chassepot était ainsi composée :

Azotate de potasse (ou salpêtre).	77
Soufre	8
Charbon.	15

En 1880, on adopta la formule suivante :

Azotate de potasse (ou salpêtre). . . .	75
Soufre.	10
Charbon	15

Il n'est pas besoin d'être grand clerc en chimie pour voir aussitôt ce qui doit se produire par le contact entre ce mélange et un métal, ou plutôt un alliage formant une sorte de couple électrique favorisant les actions chimiques.

Et c'est ainsi que s'expliquent certains faits.

Par exemple, au tir international d'Aix-les-Bains, en 1884, il y eut des ratés si nombreux avec les cartouches métalliques du fusil Gras, que les tireurs suisses protestèrent de la façon la plus énergique. Et le ministre de la guerre dut annuler le tir international pour le reporter à une date ultérieure.

Voici d'ailleurs ce qu'on peut lire dans le *Journal des Sciences militaires* (septembre 1882) :

« On a eu déjà l'occasion de voir, à propos du vernissage de l'étui et de l'étanchéité des munitions, l'altération que subit la poudre enfermée dans une enveloppe métallique.

Cette altération s'est produite par une diminution de 15 mètres dans les vitesses (à 25 mètres de la bouche) dans une période de quatre ans, et, au bout du même temps, par un abaissement du point moyen d'environ 30 centimètres à 200 mètres. Les tiers de justesse ont montré que les rectangles, contenant tous les coups tirés, avaient des surfaces plus grandes pour les vieilles cartouches que pour les neuves.

On a été conduit à attribuer ces variations aux états différents et à l'altération progressive de la poudre.

Un examen attentif des charges a mis en évidence cette altération, caractérisée par la présence d'agglomérations grises, parfois mélangées de substances verdâtres.

L'analyse chimique a prouvé que ces matières étaient composées *de charbon, de soufre, de salpê-tre, de sulfure de potassium, de sulfate de potasse, de carbonate de potasse, de sesquicarbonate d'ammo-niaque*, auxquels s'étaient joints encore des sels métalliques provenant de la combinaison du laiton des étuis avec les corps constitutifs de la poudre (sulfures et sels basiques).

Le commandant Pothier a déclaré que les quantités de poudre transformées dans les étuis on laiton sont, dans le même temps, plus ou moins considérables, suivant les influences atmosphériques. »

Ce que disait le *Journal des Sciences militaires* en 1882, avait déjà été dit et publié en 1869, à la suite d'expériences faites sous l'Empire, dès 1867.

Malgré les expériences faites avec ces sortes de cartouches, et les conclusions négatives nettement établies avant la guerre, il y eut l'adoption et la fabrication de ces cartouches métalliques sous le ministère du général du Barrail, et l'on sait ce qu'il en est résulté.

(Comme beaucoup des grandes fournitures, concernant le ministère de la guerre, ces cartouches métalliques ont une histoire qui a été parfaitement racontée dans une brochure spéciale : *Gaspillage du Budget de la guerre*, par un patriote alsacien, M. Albert Hubner, très compétent sur les questions de métaux et de minerais. C'est une brochure à lire avec profit par tous ceux qu'intéresse l'armement national).

Au moment où l'on présentait et faisait adopter les cartouches métalliques, des études et des expériences se poursuivaient de divers côtés, en vue de

fournir une cartouche inaltérable à l'action des produits constituants de la poudre.

Il y avait déjà des résultats acquis, des expériences
concluantes permettant d'affirmer la supériorité très
réelle de cartouches de divers types sur celles du
député Gévelot.

L'idéal, pour une douille de cartouche, c'est d'être
inaltérable au contact de la poudre, *légère*, d'une
fabrication simple et facile, d'un *prix de revient
faible*, et avec cette particularité de disparaître par
la combustion sans encrassement et sans résidus.

Si la poudre noire était encore en usage pour les
cartouches de fusil, on pourrait assurément produire
aujourd'hui la douille convenable pour une cartouche
parfaite.

Mais la question a moins d'importance désormais,
et, ce à quoi on doit viser, c'est à la suppression de
la cartouche pour le fusil de guerre.

TABLE DES MATIÈRES

Paris. — Imp. E. BERNARD et Cie, 23, rue des Grands Augustins.

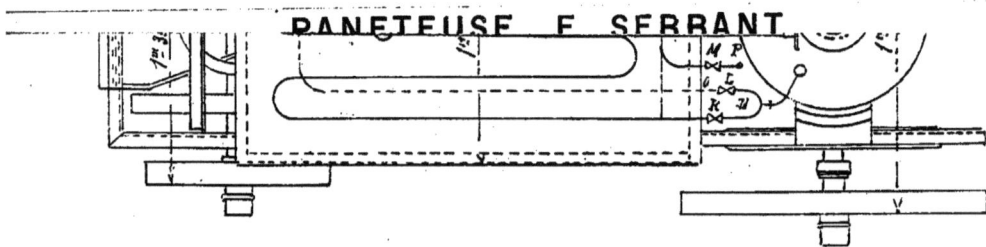

PANETEUSE E SERRANT

Production rapide et économique du Pain frais pour les armées en campagne

PANETEUSE E. SERRANT

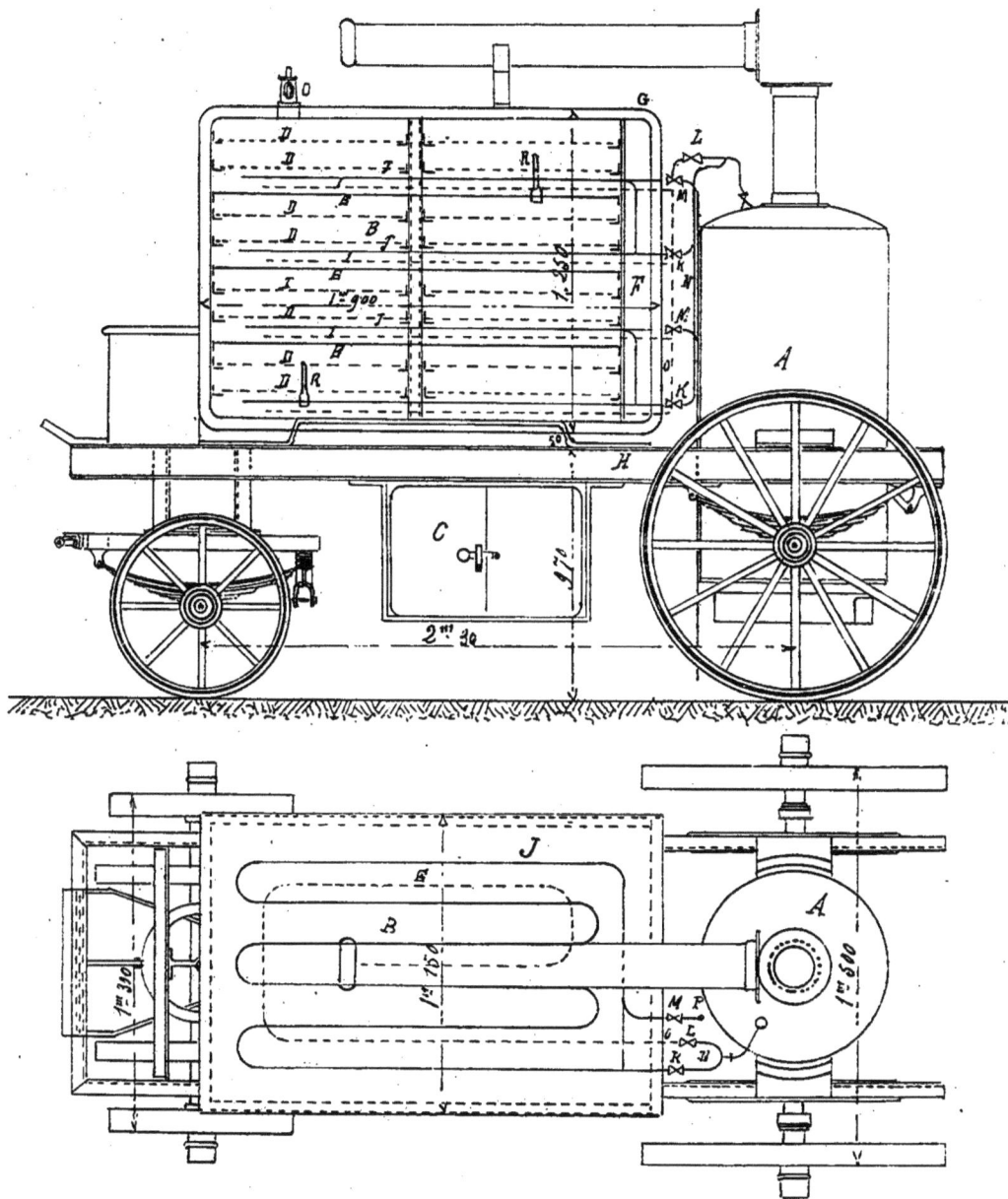

Production rapide et économique du Pain frais pour les armées en campagne

En vente à la Librairie E. BERNARD et Cie

Arts Militaires aux Etats-Unis et à l'Exposition Universelle de Chicago. — En collaboration avec MM. Métivier et Ziegler, *ingénieurs des Arts et Manufactures*.

Développement de l'artillerie aux Etats-Unis. — Procédés de fabrication. — Artillerie de campagne. — Artillerie de siège. — Artillerie de côte. — Artillerie de bord. — Artillerie à tir rapide. — Canon pneumatique à dynamite. — Canons à fil d'acier. — Petites armes. — Torpilles. — Projectiles et artifices. — L'artillerie Krupp à l'exposition de Chicago.

Un volume grand in-8° jésus de 278 pages de texte et 104 pl. in-4° PRIX 35 fr.
Relié avec planches montées sur onglets. PRIX 40 fr.

Chalon (P.-F.), *ingénieur des Arts et Manufactures*. — **Les Explosifs modernes,** Traité théorique et pratique à l'usage des Ingénieurs civils et militaires, des Entrepreneurs de Travaux publics, Mineurs, etc. (2° *édition*).

Substances détonantes et matières employées dans la fabrication des explosifs. — Explosifs à base de nitroglycérine. — Emploi des explosifs. — Travaux des mines. — Explosions sous-marines. — Emploi de la dynamite pour les usages militaires et à l'agriculture. Législation des explosifs. — Dictionnaire des poutres et salpêtres.

Un volume grand in-8° de 505 pages et 161 figures. PRIX 25 fr.

Yon (G.) et Surcouf (Ed.), *ingénieurs-aéronautes*. — **Aérostats et Aérostation Militaire,** à l'Exposition universelle de 1889.

Aperçu rétrospectif sur l'aérostation. — Collections diverses. — Expositions du ministère de la guerre. — Expositions et engins divers. — Aérostation civile et militaire. — Projet Bary.

Volume grand in-8° de 52 pages, 3 figures et 4 planches. PRIX 5 fr.

Galine, *ingénieur des Arts et Manufactures*. — **Traité général d'Eclairage (Huiles, Pétrole, Gaz, Electricité).**

Un volume grand in-8° raisin de 414 pages avec 178 figures intercalées dans le texte. PRIX 15 fr.

Richard (G.), *ingénieur civil des Mines*. — **Les Machines frigorifiques et leurs applications** à l'Exposition universelle de 1889.

Machines à air. — Machines à gaz liquéfiés par compression. — Machines à ammoniaque. — Machines à acide carbonique. — Machines à absorption ou à affinité. — Applications des machines frigorifiques. — Production de la glace. — Fabrication de l'air froid. — Conservation des viandes. — Conservation des poissons, du lait. — Résumés et conclusions. — Observations sur la communication précédente de M. Richard, par M. Diesel, ingénieur civil. — Observation de M. Hirsch, réponse de M. Richard. — Note sur une disposition de machine à glace par M. B. Lebrun. — Détermination des constantes physiques des gaz ammoniacaux par le Dr Hahs von Strombeck, traduit de l'allemand par M. G. Richard.

Un volume grand in-8° de 236 pages de texte avec 178 figures et 1 atlas de 24 pl. PRIX 20 fr.

Tommasi (D.) *docteur ès sciences*. — **Electrochimie** (Traité théorique et pratique d').

Electrolyse. — Galvanoplastie. — Dorure. — Argenture. — Nickelage. — Cuivrage. — Electrométallurgie. — Affinage électrolytique des métaux. — Applications de l'électrolyse au blanchiment des matières textiles, à la rectification des alcools, etc. — Analyse électrolytique.

Un volume de plus de 1200 pages accompagné de deux tables alphabétiques de toutes les matières contenues dans le volume. PRIX 40 fr.

Paris. — Imprimerie E. Bernard et Cie, 23, rue des Grands-Augustins.

www.ingramcontent.com/pod-product-compliance
Lightning Source LLC
Chambersburg PA
CBHW071856200326
41519CB00016B/4408